明日的主宰
人工智能

科幻电影中的信息科技

冯志刚 王 麟 / 著

科学出版社

北京

图书在版编目（CIP）数据

明日的王者　人工智能：科幻电影中的信息科技 /
冯志刚，王麟著. -- 北京：科学出版社，2019.6
ISBN 978-7-03-061526-8

Ⅰ.①明… Ⅱ.①冯… ②王… Ⅲ.①人工智能—普
及读物 Ⅳ.①TP18-49

中国版本图书馆CIP数据核字(2019)第112459号

责任编辑：王亚萍 / 责任校对：杨　然
责任印制：师艳茹 / 整体设计：北京八度出版服务机构

科 学 出 版 社 出版
北京东黄城根北街16号
邮政编码：100717
http://www.sciencep.com

三河市骏杰印刷有限公司 印刷

科学出版社发行　各地新华书店经销
*
2019年6月第 一 版　开本：880×1230　1/32
2020年1月第二次印刷　印张：7

字数：170 000

定价：45.00元
（如有印装质量问题，我社负责调换）

序 言

PREFACE

　　自20世纪80年代以来，随着信息技术的蓬勃发展，人类迎来了自蒸汽机为代表的工业革命、电力革命后的第三次科技革命。第三次科技革命以原子能、电子计算机、空间技术和生物工程为主要标志。其中，尤以信息科技变革对人们的影响巨大。三十多年来，信息科技已经彻底改变人类的生活方式和经济形态，创造出巨大的经济和社会效益。而如今，我们已经站在人工智能时代的"十字路口"，对于这样的前景，有人欢欣鼓舞，有人却忧心忡忡。其实，众多的科幻电影也已描绘出未来智能时代的可能情景，也留给我们充分的思考空间。

　　毋庸讳言，人们对新事物既欣喜又警惕的复杂感情体现在方方面面，即使我们已经"沐浴"着先进科技的晨辉，却仍然在心灵深处埋藏着些许恐惧和担忧。无一例外，人们对通信、核电、高速铁路、生物技术、人工智能等新事物经历了从排斥到接受，再到欢欣鼓舞的心理过程。相比其他先进科技带给人的便利和实惠，人工智能是以人们的工具身份出现的，但是，人们对现实世界与未来世界还存在思想和认知的偏差，我们在生活中可能一边逗弄呆萌的扫地机器人，一边惊叹现代化工厂里灵活的"机械手"，也会在科幻作品中，演绎人类惨遭机器人屠戮的悲剧。

当然，未雨绸缪、忧患意识，是人类磨炼出的生存智慧之一。对未来的悲观与谨慎心态，也可以在一定程度上将可能的灾祸加以控制或消灭于无形。警惕机器人有可能进化成为超级智能是有必要的，但也不需要过于自我惊吓。我们的祖先智人花费几十万年才登临"生物链的顶端"，其间经历了难以想象的进化障碍，付出了巨大牺牲，甚至多次濒临灭绝，才终于取得成功。所以我们要相信作为智人的后代，我们有能力、有经验、有技术，会殚精竭虑维护人类种族的安全，将超级智能关在技术的"笼子"里，不让它们危害社会。

人工智能题材是科幻电影的主题之一，相关电影作品数不胜数，且让大部分影迷们津津乐道的是机器人作为反派形象的题材。本书选取了大家耳熟能详的29部与人工智能有关的电影，按照上映日期进行排列，其中不乏在上映几十年后依然被视为经典的佳作。通过回顾这些电影的精彩瞬间，讲述影片中蕴含的高新科技，并将电影中展示的科技与现实世界的技术进行对比，让读者在重温电影内容之时，了解相关领域的最新科技进展。本书取名"明日的王者"，一是对未来人工智能发展充满希望，并坚信这种技术会改变人们的生活、促进社会的进步；二是希望人工智能在未来的岁月，不仅是人类的工具，更可能变成我们无微不至的

"伙伴"和"朋友"。

在本书中,我们将和读者走进默片时代的大都会,走进20世纪初期电影技术刚刚萌芽的年代,随着电影技术的发展,了解科幻电影跨越长达百余年的辉煌历程。这里可以看到种类各异的机器人去而又来;看到那些强大到可以摧毁一切的超级智能成为人类的手下败将;看到人工智能不断进化,在蓝色星球上繁衍和生存,直至和我们站在一起,成为地球共同的"主宰"。

技术让我们自信,科技让我们生活更加便利。作为人工智能的"造物主",我们期待自己不会成为弗兰肯斯坦①,不会因为技术泛滥而毁灭自身,而是成为真正的"明日王者",利用人工智能技术让我们的生活变得更加多姿多彩。

---

① 弗兰肯斯坦是英国作家玛丽·雪莱在1818年创作的同名小说中的人物。该作被认为是世界上第一部真正意义的科幻小说,讲述了生物学家弗兰肯斯坦利用尸体造人后而引发的一系列悲剧故事。

目 录

C O N T E N T S

第01章

《大都会》：默片时代的人工智能

【影片信息】

电影名称：大都会；

原名：*Metropolis*；

出品年份：1927年；

语言：德语；

片长：153分钟；

导演：弗里茨·朗；

主演：阿弗莱德·阿贝尔、古斯塔夫·佛力施、布里吉特·赫尔姆、鲁道夫·克莱恩－鲁格。

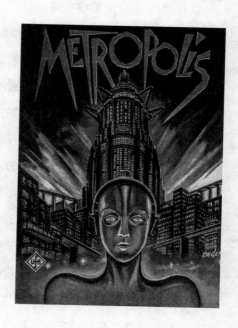

2026年，在大都会里，富有的企业家在高楼大厦里统治着一切，而地下居住的工人，却在辛勤地操作城市的地下机器。弗莱德森是这个城市的主人，他的儿子弗雷德在一个快乐的花园里虚度时光，但这一切却因一位名叫玛丽亚的年轻女性的到来打破了。这个女人带来一群工人的孩子目睹了富人的生活方式。很快，玛丽亚和孩子们被带走，弗雷德却从此为她着迷，不顾一切地去地下机房找她。

在那里，弗雷德意外目睹巨型机器爆炸，造成数位工人的死伤。当时弗雷德出现了幻觉，认为那台机器是火神摩洛克，而工人们正在赤身裸体地进入摩洛克的火焰中。幻觉消失后，看到那些死伤的工作人员正被担架带走，他赶紧告诉父亲弗莱德森发生了这起事故。善于玩弄心机的领班格罗特却给弗莱德森带来了死亡工人身上找到的秘密地图。弗莱德森对自己的助手乔·苏法特监控不力感到不满，从而开除了这位助手。而弗雷德在看到他父亲对生活、工作条件恶劣的工人们如此冷漠后，决定秘密地帮助工人进行反抗。

弗莱德森把地图带到了发明者罗特旺那里，想研究这些地图的意义，而罗特旺则向弗莱德森展示了一个机器人，这是为了纪念他过去的爱人赫尔而制造的，其目的就是想要"复活"死去的恋人。那张地图上显示了大都会之下存在巨大的地下墓穴网络，弗莱德森和罗特旺前去调查，他们窃听工人聚会，竟然发现弗雷德也参与其中。

　　那位叫作玛丽亚的姑娘预言有一个"救世主"即将到来，这个"救世主"将作为调解人，可以把工人和企业家联系在一起。弗雷德认为自己可以充当这个角色，并表达了对玛丽亚的爱恋之情。但是，弗莱德森命令罗特旺让机器人冒充玛丽亚，以破坏她在工人中的声望，防止任何叛乱的发生。

　　罗特旺绑架了玛丽亚，把她的形象转移到机器人身上，然后将她送到弗莱德森那里。弗雷德找到假的玛丽亚并信以为真，而机器人玛丽亚趁机在整个大都会制造混乱，让人们反目成仇、互相残杀。

　　历尽周折，弗雷德返回到地下墓穴，找到正在煽动工人起义的机器人玛丽亚，并揭穿了它的真实身份。工人们在机器人玛丽亚的带领下来到机房，破坏了核心机器，导致洪水泛滥。从罗特旺家逃出来的真正的玛丽亚在弗雷德的帮助下救了大都会中的很多孩子。一位失去孩子的工人歇斯底里地抓住了机器人玛丽亚，并将其处以火刑。烈焰升腾之中，机器人显出了钢铁之躯。最终，缔造大都会机器世界的罗特旺发疯了，他把真正的玛丽亚当做死去的爱人赫尔，把她逼迫到大教堂屋顶，弗雷德也尾随而来，一番战斗之后，救下了玛丽亚，而疯狂科学家罗特旺最终死于非命。

很多观众认为，《大都会》作为默片时代的科幻经典，其反映社会现实的力度和深度可以与卓别林的《摩登时代》[①]相媲美。

---

① 《摩登时代》是查理·卓别林导演并主演的一部经典喜剧电影，于1936年上映。该片用喜剧的手法表现了美国20世纪30年代经济大萧条时期，工人阶层的生存危机和小人物身上的"人性光辉"一面，被认为是美国电影史上最伟大的电影之一。

如果说《摩登时代》用夸张的手法揭露了资本主义社会将工人异化成冰冷机器的现实，那么，《大都会》则展示了机器作为统治力量的"帮手"而充满无处不在的冷酷性。即使岁月流逝了九十多年，《大都会》对科幻电影的贡献和对经典影片的造就依然让影迷们津津乐道，丝毫没有过时，用"最伟大的科幻电影之一"来赞誉这部电影并不为过。其情节设计精妙，使很多人第一次感受到科幻的力量，它深刻影响了后来影片的叙事风格，为特效片和机器人电影奠定了基础。这部拍摄于1925年的科幻电影，也是早期的黑色科幻经典，属于德国表现主义史诗科幻剧类型，被视为开创该科幻流派的电影作品，也是该类型的第一部长篇巨作。本片于1925年开始拍摄，耗资约500万帝国马克（1924~1948年发行于德国的货币），艺术方向受到包豪斯风格[①]、立体派和未来派设计的影响。

《大都会》公映后曾遭遇两极分化的评论。批评者认为，它的形象极具美感，称赞其复杂的特殊效果，但指责其故事太过天真。经过漫长时间的洗礼，这部电影在2010年入选《帝国》杂志评选的"世界电影史百佳电影"，排名第12位。在"默片时代的100部最伟大的电影"中，名列第2位。2002年，该片被授予"纽约影评人协会特别奖"。2012年，英国电影学院称《大都会》为"有史以来最伟大的电影"，位列第35名。

---

① 包豪斯，德语Bauhaus的译音，直译的意思是"建造房屋"，"包豪斯"是人们对"现代主义风格"的另一种称呼。

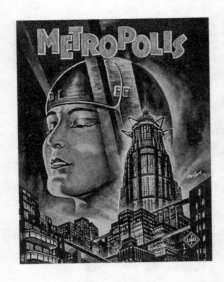

这部超前的科幻影片，在1927年德国的魏玛时代[①]上演，主题却是当下21世纪炙手可热的"人工智能"话题，其前瞻性令人惊叹不已，将近100年前，人类的想象力就已经穿越时空，仿佛走进我们现代人的生活。

不过，这部影片对人工智能的预测还是有时代局限性的，就像很多科幻小说家认为的那样：科幻小说中的预言90%都是错误的。

首先，电影中出现了一个非常有Art Deco风格[②]的女机器人，但是背景却完全是大机器工业时代，没有体现信息时代的"影子"。

这并不奇怪，因为1930年，也就是《大都会》电影上映三年之后，美国科学家范内瓦·布什造出世界上首台模拟电子计算机。从1930年开始，在麻省理工学院担任电子工程学教授的布什和一

---

① 魏玛时代是指1918~1933年期间采用共和宪政政体的德国，于德意志帝国在第一次世界大战中战败、霍亨索伦王朝崩溃后成立，其使用的国号为"德意志国"。
② Art Deco演变自19世纪末的Art Nouveau（新艺术）运动，主要特点是感性的自然界的优美线条，称为有机线条，如花草动物的形态等，尤其喜欢用藤蔓植物的线条及东方文化图案，如日本浮世绘等。

个研究小组开始着手设计能够求解微分方程的"微分分析机"，最终造出世界上首台模拟电子计算机，这一开创性工作也为第二次世界大战后数字计算机的诞生扫清了障碍。

真正的第一台现代意义上的电子计算机名为ENIAC（全称为Electronic Numerical Integrator and Computer，即电子数字积分计算机），于1946年2月14日在美国宾夕法尼亚大学问世，这是美国奥伯丁武器试验场为了满足计算弹道需要而专门研制的，这台计算器使用了17 840支电子管，重达28吨。

回望1927年，当时的剧作家根本无法猜想一百年后的2026年，到底什么样的装置才能实现人工智能，他们也不知道CPU（中央处理器）是什么，人们很难想象出超越自己时代的事物。

对于机器人的用途，影片中的工人像行尸走肉般地不断工作，可是导演却没想到，几十年后，机器人被发明出来，不是为了伪装成真人去挑起社会矛盾，而是将这些工人从繁重的劳动里解放出来。

在影片问世30多年之后，美国成了机器人的诞生地。1962年，世界上第一台工业机器人诞生了。到21世纪初，与机器人有关的科学和技术获得了引人瞩目的发展，机器人产业在全世界范围内得到应用，其应用范围遍及工业、科技和国防等各个领域，并形成了新的学科——机器人学，同时机器人不断向智能化方向发展，其中的服务机器人成为该领域的"新秀"和市场"宠儿"。

另外，《大都会》这部电影其实"带坏"了之后近百年的科幻片，因为从这部作品开始，科学家在科幻作品中的形象多为一个躲藏在阴暗实验室里研发"邪恶"科技的角色。现实生活中的科学家以造福人类为目的，可是有些科幻作品中他们形象不佳，这种思维定式不但在科幻电影里比比皆是，在科幻小说中，疯狂科学家也时常出现。也许正是因为这部早期电影《大都会》太成功了，影响了后期影视作品中科学家的形象吧！

为什么在这部电影中，科学家扮演了一个反面角色呢？答案有点复杂。在这部电影中，每个人物似乎都能与西方文化符号对应起来，比如，罗特旺正像是魔鬼撒旦①一样。

地下工厂的那些机器都是罗特旺发明的，这些机械为地上世界的生活提供了各种资源，但底层工人一切痛苦也来自于这些巨大的机器设备。那些拼体力的重复劳动，让人们形同活生生的机器人，甚至累到病倒就会被抛弃，换一个人像是"备份零件"替换上而已。这像是创作者在表达，大工业化时代下的科学和技术让人身不由己地卷入其中。《大都会》中创造的未来城市，也在此后百年间不断出现在各类科幻电影中，仿佛在向《大都会》致敬。

---

① 撒旦是指西方《圣经》中记载的堕天使（也称魔鬼），曾经是上帝座前的天使，后来因骄傲自大，妄图与上帝同等，率领三分之一的天使背叛上帝，后被赶出天国。

第02章

《西部世界》: 失控机器人带来的威胁

【影片信息】

电影名称：西部世界；

原名：*West World*；

出品年份：1973年；

语言：英语；

片长：88分钟；

导演：迈克尔·克莱顿；

主演：尤尔·伯连纳、理查德·本

杰明、詹姆斯·布洛林等。

明日的王者 人工智能：科幻电影中的信息科技

　　在未来的某年，一家名为黛洛斯的高科技公司开发了一个高度逼真的成人游乐园，设有三个主题"世界"，即西方世界（美国古老西部）、中世纪世界（中世纪欧洲）和罗马世界（古罗马城市）。游乐园的三个"世界"里充满了与人类几乎无法区分的仿真机器人，每个机器人都根据其指定的历史环境进行程序编写，只要每天支付1 000美元，客人就可以尽情地与机器人互动，进行冒险游乐。

　　彼得·马丁和同行的朋友约翰·布兰来到西部世界，这里有一位名为"枪手"的机器人，可以进行模拟枪战。客人使用的火器上有温度传感器，防止他们射击人体或任何高体温的动物，但可以"杀死"冷血的机器人，被杀死的机器人会在第二天修理后返回，以参加另一场决斗。

然而，在这个名为"西部世界"的乐园出现了大问题，技术人员注意到机器故障像瘟疫一样在机器人之间传染、蔓延，罗马世界和中世纪世界的机器人开始出现越来越多的故障和系统错误，进而传播到西部世界。然而，负责游乐园监督的计算机科学家对"机器人传染病"嗤之以鼻，根本就不相信。

当一个响尾蛇机器人在西部世界"咬"了布兰

时，机器人的故障变得更加严重。在程序编写过程中，一个女性机器人拒绝了中世纪世界的客人要求；随着故障升级，中世纪世界的黑骑士机器人用剑杀死了扮演国王的客人。游乐园的主管人士试图通过关闭电源来重新获得控制权，然而，大门却被中央控制系统锁定了，这些人最后因窒息而丧命。

马丁和布兰从醉酒中苏醒过来，根本不知道游乐园系统已经崩溃。当"枪手"发起决斗挑战时，布兰毫无防备地被机器人一枪射杀。马丁则夺命狂奔，机器人紧追不舍。当机器人"造反"之后，游乐园中到处是死去的客人。马丁从罗马世界的一个沙井爬进地下控制中心，而"枪手"仿佛幽灵一样，尾随而至。进入机器人修理实验室，马丁伪装成一个机器人。当"枪手"进入房间时，马丁把酸液抛到"枪手"身上，以便趁机逃脱。

由于其光学输入设备受到酸性物质的侵蚀，"枪手"无法进行视觉追踪，只好试图用红外线扫描仪找到马丁。马丁用一个机器人掩护自己，利用燃烧的火炬点燃"枪手"。"枪手"的外壳被烧毁，却仍然执行着攻击马丁的指令，直到被烧毁才停止。马丁坐在地牢的台阶上，处于疲惫和震惊的状态。正如黛洛斯公司的口号所讽刺的那样："小子，来这里可不是度假的！"

《西部世界》是第一部使用数字图像处理的电影。导演克莱顿最初拜访了位于帕萨迪纳的喷气推进实验室，在得知两分钟的动画需要花费9个月时间和20万美元之后，他赶紧联系了知名制作人约翰·惠特尼父子，因为他们可以在晚上工作，完成动画更快、价格更便宜。约翰·惠特尼父子最终完成了机器人主观视角的电影特技。《西部世界》是第一部使用"计算机病毒"这一术语的电影，这个术语被游乐园管理者用来解释为什么机器人将错误的指令传播给对方。

天才作家兼导演克莱顿，不但是"《西部世界》之父"，他的另一部电影《侏罗纪公园》也是家喻户晓的科幻电影杰作。这位

哈佛大学人类学毕业生和医学博士，博览群书，对过去和未来的设想有自己的独到见解。

作为和计算机病毒"搏斗"多年、牺牲了无数电脑资料，甚至导致电脑中央处理器温度过高而损坏计算机的老用户，笔者对这种可怕的"病毒"记忆犹新。幸好，由于杀毒软件的功能日益完善，近年来，这个名词渐渐远离我们。

但《西部世界》里的计算机系统病毒却更令人害怕，恶意程序并非有人故意撰写散布，而是电子设备依靠智能自己开发出来的。无论是在虚拟中的1983年，还是21世纪的今天，如果我们的电子设备可以通过自己编写病毒程序来攻击人类，一旦它们控制了互联网，那人类社会将面临严重的冲击。我们现在已经到了无法离开互联网和计算机的时代，若信息网络瘫痪，后果将不堪设想，很可能造成经济崩溃、交通瘫痪的情况，甚至威胁人身安全。

在电影中，机器人因为感染病毒才失去了控制，但机器人反抗、杀戮游客所蕴含的寓意不止于此。电影中，对于人工智能失去控制的原因，有人用"机器人觉醒"来解释这种行为。按照美国心理学家朱利安·杰恩斯在他的著作《二分心智的崩塌：人类意识的起源》中的观点，人类在公元前3000年以前，大脑还处于无意识状态，完全依赖"二分心智"，即一半脑会听见来自另一半脑的指引，这种指引被视为"神的声音"。随着社会日趋复杂，"二分心智"坍塌，人类最终有了内在叙事的能力，自我意识随之被唤醒。假如人工智能产生了自我意识，是否也可以借用"二分心智"的观点来解释？当然，在1973年创作的《西部世界》中，探讨人工智能技术还没有这么深刻，"二分心智"的理论直到2017年在美国电视剧《西部世界》中才得到了具体分析。

欣赏《西部世界》这部别具一格的科幻电影，我们会对其中人工智能的冷酷和凶残心有余悸，电影中的这类机器人一旦失去控制，就会造成尸横满地的严重后果，它们的杀戮或完全依据指令进行，或具有了自我意识且毫无感情的进行。这些幻想中的机器人无论在力量、速度和灵敏度方面均远超人类，那么现实中的机器人发展到何种智能程度了？这个群体是否对人类形成了巨大的威胁？

以军事领域的应用为例，俄罗斯的"平台-M"战斗机器人，全重0.8吨、长1.6米、高1.2米，采用履带式行走机构，拥有小直径负重轮6个、橡胶履带、独立悬挂装置。这种机器人适应性强，可以在沙地、雪地、草地或泥地、碎石等复杂地带工作，爬坡度可达25°，越障高21厘米。其机身安装有大容量锂电池模块可以持续工作4小时，武器系统装有一挺口径7.62毫米机枪。另外，机器人还可携带4具一次性RPG-26反坦克火箭筒，有效射程为250米，垂直破甲厚500毫米。

这样的机器人杀伤力可是远远超出了《西部世界》里的"枪手"了，试想人工智能病毒感染了这样的机器人，人类的未来该如何继续呢？幸运的是，这一切并不会发生，《西部世界》中的景象只会永远停留在虚拟的1983年，不会走进现实世界。而我们希望掌握智能武器的人们只将它们用于防御，不要打破世界和平的氛围。

第03章

《终端人》: 人机融合的幻想与现实

【影片信息】

电影名称: 终端人;

原名: *The Terminal Man*;

出品年份: 1974年;

语言: 英语;

片长: 107分钟;

导演: 麦克·霍吉斯;

主演: 乔治·西格尔、理查德·A. 戴萨特、唐纳德·莫法特等。

在不远的未来，一些医院的神经科室能够做一种突破性手术，以帮助癫痫患者康复。这项手术通过将两个电极插入人脑，并在脖颈位置放置一台微型计算机，再在腋下放置一个钚动力包，以监测大脑活动，可在患者发病时进行电击治疗。患者哈利·本森是一位具有最高级别政府安全许可的计算机程序员，因为他在车祸中被撞到头部，脑部受损，患有精神运动性癫痫。在他发病的时候，经常会昏厥一段时间。这段无意识期间，他会变得非常暴躁。当他醒来时，却什么都不记得，还经常妄想电脑会联合起来反抗人类。

　　哈利的朋友珍妮特·罗斯是一名神经病理学家，她担心一旦手术完成，哈利或许因为人脑与电脑结合而导致病情加重。果然不出所料，手术两天后，哈利的大脑已经沉迷于电击治疗中，癫痫发作的时间间隔越来越短。如果持续下去，哈利将伴随着暴力

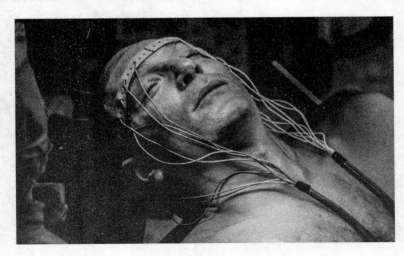

行为永远失去意识。

手术结束后，哈利在镇静剂的作用下，终于安静下来，被安置在一个房间里。镇静剂消失后，哈利悄悄从衣柜里偷走了一件长袍，并被一位名叫安吉拉·布莱克的女博士接走，两人离开了医院。当警察到达安吉拉的公寓时，发现哈利已经杀害了她。而在调查安吉拉·布莱克博士被害案后，罗斯回到家里，当她走出浴室时，却发现哈利站在客厅中。

哈利此时处于失控状态，因为他的大脑在电击足够长的时间后会导致癫痫发作。与罗斯谈话几分钟后，哈利病情发作并袭击了她。罗斯奋起反击，将微波炉砸到哈利身上，使他昏倒在地。哈利醒来后逃离了罗斯的家。

当所有医生回到医院时，他们都接到了哈利的电话。医生很快发现哈利在主电脑室附近的地下室中。警察和罗斯到地下室寻找哈利，他却逃脱了，因此警察开始进行追捕行动。罗斯发现主电脑被砸毁，此时，哈利走进房间，看到罗斯在电脑附近找到了一把枪。哈利想要得到这把枪，罗斯并不答应。当试图把枪拿走时，罗斯不得不开枪把哈利击毙。

哈利很聪明，对计算机知之甚多，认为电脑正在接管世界，所以他去医院砸毁了主电脑。

"我是一个堕落的人，"哈利说，"我已经屈服了。"

"为什么？"

"我就要变成一台机器程序，或者是一枚定时炸弹。"

哈利进入发病的癫狂状态，变成冷血杀手。他的死亡宿命或许从一开始就不可避免。

以上内容便是《终端人》的剧情，这是1974年出品的一部电影，基于迈克尔·克莱顿在1972年出版的同名小说改编。这是一个经典的迈克尔·克莱顿式的故事——科幻小说的情节建立在现实基础之上。在当时，这部小说代表了人们对大脑的理解，以及它产生痛苦、快乐的方式等最前沿的脑科学研究。

如果一个人喜欢科学或科幻作品，毫无疑问，《终端人》是一部好电影。但这部电影拍摄于20世纪70年代，对于一个视觉特效爱好者，很可能会让他感到失望。然而，电影依然值得关注，因为若想了解当时的人是如何看待不久的将来，这部电影会提供丰富的实例。20世纪70年代的技术人员描绘了无穷无尽的细节，从荒诞的技术架构到原子电池，从古老的视频终端设备到大型计算机，再到未来的按键式电话，影视技术呈现出闪亮的新鲜感，布景设计和配乐创造出一种温馨而宁静的空间感，与剧情的张力形成鲜明对比。

我们很难想象，这部科技设定非常超前的影片，竟然拍摄于20世纪70年代，其中描绘的脑机结合的技术设想，即使在今天都不过时。不但不过时，还是科学界热门的研究领域。正如电影中所讲述的那样，脑机结合技术最初的目的是为了让罹患大脑疾病的人摆脱痛苦。电影中的主人公哈利·本森患有癫痫症，这是一种让人非常痛苦的大脑疾病，原因是大脑神经元突发性异常放电，导致大脑功能的短暂障碍，属于很难治愈的慢性疾病。影片中，病人哈利通过在脑中植入电极，进而通过间歇性放电进行"以毒攻毒"式的治疗，却不料产生了严重的"副作用"，改变了哈利的性情，将他变成一个不受理性控制的冷血杀手。

哈利所接受的大脑植入手术，属于脑机结合中的一种技术发展形式，属于侵入式技术。要想了解这种方兴未艾的多学科交叉的热门技术，我们还需探讨一下该技术的起源与发展。

人的大脑是进化史上的奇迹，也是人类能够从弱肉强食的自然界中一路搏杀登临生物链"顶端"的基础。欧美等发达国家研究人脑的奥秘从20世纪60年代就已经开始了，经过几十年的发展，到1995年，国际脑研究组织宣布将21世纪称为"脑的世纪"；1996年，日本宣布开展"脑科学时代计划"，2003年又启动了"脑科学与教育"研究规划项目；2013年，欧盟委员会将"人脑工程"列入"欧盟未来新兴旗舰技术项目"；同一年，美国启动"尖端创新神经技术脑研究计划"，以探索人类大脑的工作机制、绘制脑活动全图，为目前无法治愈的大脑疾病提供新的治疗方案。

脑科学有三大研究方向。一是认识我们的大脑，主要为揭示脑的奥秘，阐明脑的功能；二是保护我们的大脑，主要为治疗与大脑有关的疾病；三是"创造"我们的大脑，主要是开发仿脑功能的计算机。我国在脑科学研究中，也不落后于别国，著名科学家钱学森首次提出了"人机结合"的概念，这是人工智能领域一个很重要的研发方向，试图将脑科学和人工智能结合在一起。那么，"人机结合"重点研究何种问题呢？

原来这是将人的灵感、形象思维等与计算机智能统一在一个相互作用、相互影响的环境中，通过人机协作实现功能互补的技术。

"人机结合"技术又分成了两大研究方向，一是非侵入式的人机互动技术，"赋予"计算机类似人类的能力，实现计算机的拟人化和智能化发展；二是脑机接口技术。脑机接口技术是涉及神经生理学、信号处理、模式识别、控制理论、计算机科学、康复医学等多个领域的交叉技术，又可细分为脑外式和侵入式两类。《终端人》中为哈利·本森治疗癫痫病的方法就是采用的侵入式脑机接口技术，通过对大脑进行外科手术植入电极而实现。迈克尔·克莱顿提出这一科幻设想要比这项技术的出现早了二十多年，因为人体植入式设备的出现是在20世纪90年代。

脑机接口技术最初的目的是希望为残障人士排忧解难，主要被用于人体机能增强，即恢复损伤机体听觉、视觉和肢体运动等功能。2006年，日本科学家研制出"混合辅助腿"，可帮助残疾人在托起40千克重物的同时，还能以每小时4公里的速度行走。随后数年间，意念控制和机能增强这两项技术有了很大发展。2013年，英国研究人员开发出用于控制飞船模拟器的"脑机接口"装置，美国科研人员创建了能够用意念控制飞船飞行的程序。2016年，脊柱损伤患者可以通过机器人手臂神经接口系统获得触觉，而肌萎缩侧索硬化患者依靠新型大脑植入体具有了语言能力。在2016年，美国科技大亨埃隆·马斯克创建了一家医疗公司，旨在开发脑机接口技术，研发治疗癫痫、重度抑郁症等顽疾的侵入式电子产品。

由此看来，脑机结合技术的未来是为了造福人类，为机能受损的残障人士提供协助，更重要的是，随着这项技术的不断发展，通过人脑意念远程控制机器设备的应用有可能变成现实。当然，我们更希望这项技术能够得到安全、和平的使用，做好风险防范，避免《终端人》中的"噩梦"变成现实。

第04章

《电子世界争霸战》：在虚拟世界中
为所欲为

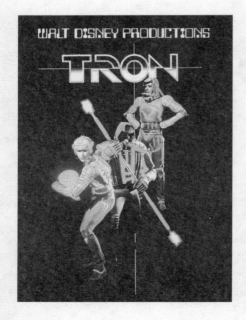

【影片信息】

电影名称：电子世界争霸战；

原名：*TRON*；

出品年份：1982年；

语言：英语；

片长：96分钟；

导演：史蒂文·利斯伯吉尔；

主演：杰夫·布里吉斯、布鲁斯·鲍克斯雷特纳、大卫·沃纳等。

盈康公司（ENCOM）前
首席计算机软件工程师凯
文·弗林经营着一家商场。在
他任职于盈康公司期间，开
发了几部电子游戏。同事埃
德·迪林格却偷走了他的想法
并将其据为己有，通过开除弗
林的卑劣手段掩盖他的盗窃罪
行，随后迪林格成为盈康公司
高级执行副总裁。在弗林被解
雇后的近三年时间里，他试图
通过入侵盈康公司的电脑主机

来获取迪林格的犯罪证据。尽管弗林很聪明且小心翼翼，但仍然
被盈康公司设置的主控计划程序"MCP"发现。这个程序最初是
由盈康公司的联合创始人沃尔特·吉布斯博士创建的一种国际象
棋程序，随着迪林格对其不断升级，MCP已经变得有感知力，可
以自行获取个人、公司的私密信息，甚至政府的军事计划，还可
通过不断升级来提高自身能力。

弗林的前女友洛拉和她现任男友，即盈康公司工程师艾
伦·布拉德利，找到弗林以告知他：迪林格早已经有所防备，并
加强了盈康公司的信息安全。弗林说服两人帮助他侵入以前的设
备，建立一个进入网络系统的通道。洛拉带着弗林到她实验室的

终端电脑中，继续寻找迪林格盗窃的证据。MCP使用"激光"将弗林数字化，变成一个小程序，并下载到盈康公司电脑系统中的一个被称为"游戏格栅"的区域——类似人类用户建立起来的现实社会。进入之后，弗林很快发现该系统处于MCP的极权统治之下，MCP操控程序正在制造一个虚拟的世界，而这里与弗林认为的现实世界一样让人感到悲哀。该区域的副指挥萨克奴役并威胁用户，用户被监禁在游戏格栅中，被迫与其他程序进行"生死决斗"。弗林与另外两个程序员特龙、拉姆会面，准备一起参与决斗比赛。最终三人击败他们的对手并逃离格栅，进入主系统，却遭到了致命武器的攻击，损失惨重。幸运的是，弗林作为一个用户，可以在系统内操纵能量和物质资源，并有效地控制周围的环境。随后，弗林计划重新组装一艘被毁坏的追击舰，意图东山再起。

当弗林进入虚拟世界之后，想要找到能够打败MCP的另一个程序"Tron"。弗林历经千辛万苦，在朋友帮助下，才取得了成功。

经过一番精彩绝伦的"能量盘"大战，特龙和弗林等人战胜了MCP，并找到了迪林格的犯罪证据。随着整个系统的程序再次与用户进行交互，数字化的弗林重新恢复肉体，附近的打印机为他提供了完整证据，证明迪林格窃取了弗林的创作。当迪林格进入他的办公室，发现MCP已被删除，而他的盗窃证据已被公布，他最终只能承认失败。弗林重新成为盈康公司的领导者，露出了胜利的微笑。

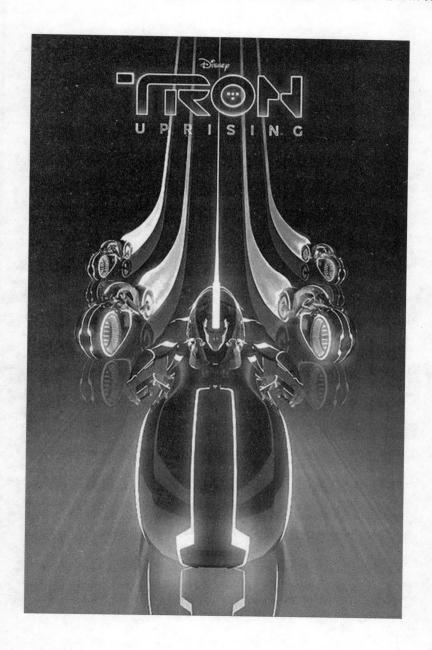

《电子世界争霸战》的灵感产生于1976年，当时动画师史蒂文·利斯伯吉尔从一家名为"马吉"的计算机公司发现一台电子游戏机样品，并首次了解到电子游戏的始祖Pong①。他立刻着迷于电子游戏，并想制作一部融合电子游戏内容的电影。据利斯伯吉尔介绍，"我意识到这些技术非常适合将视频游戏和计算机视觉效果带入屏幕，而这正是整个电影概念闪现在我脑海中的那一刻。"

　　这部被认为具有开创性的电影以多种方式激励了几代人。皮克斯动画工作室和华特·迪士尼制作公司的负责人约翰·拉斯特描述了这部电影如何帮助他看到计算机生成的影像在制作动画电影方面的潜力，并指出，"没有《电子世界争霸战》，就没有《玩具总动员》"。2008年，这部电影被提名为美国电影学院十大科幻电影之一。

　　1982年，"虚拟现实"的概念刚刚出现，还属于科技圈里的"小众"概念，尚未被广大民众所知。而此时，导演史蒂文·利斯伯吉尔竟然能够想得更远，设想了将人数字化后进入网络空间战斗的故事。我们现在无法判断史蒂文的神奇创意是否借鉴了"虚拟现实"这个概念，但《电子世界争霸战》中呈现出来的场景与虚拟现实技术带给用户的体验并无太大差别，甚至可以说，这部电影就像是虚拟现实游戏的升级版。

　　虚拟现实通过计算机模拟出三维的虚拟空间，通过模拟让用

---

① Pong：名"乒乓"，1972年出品的一款具有革命性的游戏。

户体验视觉、触觉、听觉等感官感受，同时可以快速、不受限制地对事物进行观察。用户在进行位置移动时，计算机可及时展开复杂运算，精确地传输虚拟三维世界的视频，从而产生用户亲身临场的感觉。虚拟现实技术集成了计算机仿真、图形成像、传感、显示，以及网络处理等技术的发展成果，已经越来越多地被应用于城市规划、医学、军事、航天、影视娱乐、工业仿真、文物保护、电子游戏等领域。

虚拟现实技术一般分为三类，即虚拟现实（Virtual Reality, VR）、增强现实（Augmented Reality, AR）和混合现实（Mixed Reality, MR）。在这里，增强现实技术是指把虚拟信息附加到用户看到的现实环境中，以增强对现实环境的体验；混合现实技术则是虚拟现实和增强现实的综合，在现实世界中，虚拟世界和用户之间搭起一个交互反馈的信息回路，以增强用户体验的真实感。

为何虚拟现实能够产生让用户身临其境的感受呢？

这是因为它具有三个核心特征：沉浸感、交互性和构想性。沉浸感是虚拟现实最重要的基本特征，让人能够沉浸到虚拟空间之中，脱离现有的真实环境，获得与真实世界相同或相似的感知；交互性是虚拟现实的实质特征，通过软硬件设备进行人机交互；构想性是虚拟现实的最终目的之一，用户在虚拟世界中根据所获取的多种信息和自身在系统中的行为，通过逻辑判断、推理和联想等思维过程，随着系统的运行状态变化而对其未来进展进行想象的能力。

在现实世界中，人类受到各种条件的制约不可能为所欲为，甚至有可能某些愿望都难以实现。但在虚拟世界中，似乎打破这种限定，每个人都可能实现自己的愿望，这或许也是很多人沉迷电子游戏的原因之一。在那个世界里，每个用户都有可能成为"主宰者"。

在单机游戏时代，游戏的智能设置较弱。游戏者可以按照意愿建设自己的城市、国家、星球，甚至是宇宙，在这个环境里，所有虚拟的生命都可以"听命"于自己，满足游戏者在现实生活中无法体会的情境，同时又不会伤害其他人。

到了网络联机游戏时代，游戏变成了很多用户共同进行的模式，大家都不再是虚拟世界里的唯一主宰，竞争的激烈程度增加了。比如，当今流行的某款网络游戏，情节设置在一个狭窄的海岛上，数十名用户彼此作战，毫不留情，而最终只能有一个幸存者。这样游戏更具刺激性，但不是所有游戏者在心理上都能接受这类规则。

有科幻作者设想，在未来，人工智能可能超过人类个体，那时在游戏中，人类用户就会变成"弱者"，没有机会再"击败"人工智能。那么未来的游戏或虚拟社区中，还会不会是自然人类的游戏"乐园"呢？我们认为对未来不必太过悲观，毕竟，科技发展到今天，主要目的是造福人类，偶尔出现因为科技失控给社会带来危害，也是个别人为原因，而不是科技本身。作为人类发明的人工智能，目前来看，其很难脱离人类控制而自行获取自由意志，更不可能让机器人统治世界了，让科幻归于科幻，未来人工智能技术将大有可为。

第05章

《终结者》：如何让机器杀手穿越时空

【影片信息】

电影名称：终结者；

原名：*The Terminator*；

出品年份：1984年；

语言：英语；

片长：107分钟；

导演：詹姆斯·卡梅隆、乔纳森·莫斯托等；

主演：阿诺德·施瓦辛格、迈克尔·比恩、琳达·汉密尔顿、爱德华·福隆等。

在1984年的洛杉矶，一个被称为"终结者"的半机械人刺客从2029年穿越回来执行谋杀任务。不久之后，同样来自2029年的人类战士凯尔·里斯也抵达，为了阻止终结者的谋杀行动。终结者开始有计划地谋杀一位名叫莎拉·康纳的女人，他在电话簿中找到了该女士的地址，并追踪到一家夜总会。但凯尔出手救了她，两人偷到一辆汽车一同出逃。

当他们躲在一个停车场时，凯尔向莎拉解释说，一个名为"天网"的人工智能防御网络会在不久的将来获得自我意识，引发灾难。莎拉未来的儿子约翰将集结幸存者，并领导抵制"天网"及其机器军队的抵抗运动。但就在抵抗运动即将胜利的时候，"天网"派遣终结者穿越回到1984年，在约翰出生之前准备杀死莎拉，以防止抵抗运动形成。终结者其实是一个冷酷的机器杀手，具有坚硬的金属骨骼和活体组织外表，使其看起来与真人无异。

凯尔和莎拉与终结者再次遭遇之后被警方逮捕。犯罪心理学家西尔贝曼博士认为，凯尔是偏执症和妄想症患者。此时，终结者修复了自己的身体并袭击警察局，杀死许多警察，以试图找到莎拉。凯尔和莎拉躲在一家汽车旅馆避难，他们在那里组装炸弹，并计划下一步行动。凯尔承认，自从约翰给他一张莎拉的照片之后，他就爱上了莎拉。终于，二人开始相爱。

由于莎拉不知道终结者拥有模仿受害者的能力，试图通过电话联系自己的母亲。但终结者杀死了莎拉的母亲并假扮她，当凯尔和莎拉意识到终结者已经卷土重来的时候，他们只能想尽办法逃脱。在接下来的追逐中，凯尔向终结者投掷自制炸弹时被炮火击伤，而终结者劫持一辆油罐车试图撞击莎拉，凯尔将炸弹扔进了油箱造成爆炸，终结者被烧得只剩下骨架。但终结者仍能活动，并且将他们追赶到一个工厂里，凯尔激活机器以迷惑终结者。他把最后的炸药管塞到终结者的腹部，将其炸成碎片，莎拉受伤，凯尔死去。但终结者仍然可以依靠半截躯干重新被激活，最终，莎拉挣扎着将其引诱到液压机中压碎。

几个月后，已经怀孕的莎拉正在墨西哥旅行，录音给未出生的儿子约翰。她犹豫是否告诉孩子，凯尔是他的父亲。在某个加油站，一个男孩给她拍了一张照片，这张照片和约翰在未来送给凯尔的照片一模一样……

这部电影探讨了人工智能有可能会获得自我意识并蔑视人的"权威"，认为人类可以被摧毁。这个电影的影响十分深

远，以至于"终结者机器人已经成为人工智能危机的流行视觉表现"。

为了拍摄《终结者》，其扮演者施瓦辛格需要克服的首要问题是如何熟练地操作影片中各式各样的枪。为此他特训了一个月，直到动作熟练到堪称"全自动"的程度，因为这样才像一个机器人。据称，导演詹姆斯·卡梅隆原打算让两个"终结者"穿越回过去执行刺杀任务，一个是半机械人，另一个由某种液体组成，可以随意变形。但考虑到当时的技术还无法实现这个创意，只好作罢。直到1989年，电影《深渊》表明特效技术更加完善，卡梅隆才决定在《终结者》第二部中重启"液态人计划"。

电影《终结者》中涉及了科幻题材的两大类别，一是时空穿越，二是智能机器人。时空穿越这种"打破"时间屏障的旅行，是否能够变成现实，这是很多人都好奇的一件事情。那么，在未来的某一天，真的会有时间旅行者从未来穿越到现在去做一些改变历史进程的事情吗？

按照爱因斯坦的广义相对论，时间和空间并非独立存在的，而是紧密结合在一起，称之为"时空"。"时空"看起来更像一块巨大的丝织品，可以伸展和收缩。"时空"有很多神奇的特性，如在一个巨型天体附近，引力强大到可以将时空扭曲，时间也可能随之变慢，这就是所谓的"相对论效应"。这一理论给时空穿越提供了理论上的可能性。

然而，在我们的认知中，时间的箭头永远朝向未来的方向，这也是整个宇宙有序地演化过程。

科学幻想中认为，穿越时空可以打破空间限制，实现运输方式的飞跃，从宇宙的某个角落去往另一个角落，而且在转瞬之间就可以实现，不再受距离的限制。而穿越时空也相当于时间旅行，原则上既可以去往未来，也应该可以回到过去。但一些科幻爱好者认为，回到过去的时间旅行，难度比去往未来要大很多。这是因为去往未来符合宇宙的运行法则，理论上难度会小；而回到过去要对抗宇宙法则，实现起来难上加难。

尝试穿越时空，也许可以利用"时空"的特性来达到目的。如果时空可以伸展和收缩，并且不受光速限制。此时，我们可利用时空穿越的第一种办法——拉伸时空，也就是采用某种技术手段拉伸飞船身后的空间，并且与飞船前进的空间相接触，飞船瞬间便来到另一个新世界，实现时空穿越。在科幻小说《三体》中，拉伸时空实现时间旅行的办法可以通过曲率引擎①来完成。

第二类穿越时空的办法就是撕裂时空,可以想象为从时空上撕裂出一个洞,让飞船"钻"过去,这就是我们耳熟能详的"虫洞"概念。但在理论上,虫洞的出现都是在极微观的量子世界中,且出现的时间很短,用于穿越时空似乎没有可能。1988年,美国加州理工学院物理学家基普·索恩和同事一起推论出,应该有可穿越的虫洞,不过,要想保持虫洞稳定,需要耗费差不多一个恒星的能量,对于人类而言,这是可望而不可即的技术。

到未来的时空穿越看似容易些,有两个办法可以实现。一是乘坐速度极快的飞船,比如,当一艘飞船以光速飞行1分钟到达临近星系,而此时,地球上的时间差不多过去了4年,是不是就相当于飞船中的宇航员来到4年之后?超高的速度好像让人穿越了时空。还有另一种到未来的办法,就是把飞船开到一个引力巨大的黑洞附近,并且远离黑洞视界,以免被吞噬。此时,黑洞的强大引力会使时空扭曲,让时间变慢,等宇航员离开黑洞,回到地球之时,是不是算来到了未来的地球?

理论上,回到过去的时空穿越是最难的,那么都有哪些方法可以尝试呢?科学家经过研究发现,爱因斯坦的相对论允许多种"时间机器"存在,这类"时间机器"被称为"闭合类时曲线",指一个物理上可以实现的运动在时空中的轨迹闭合,这个轨迹不

---

① 曲率引擎,来自科幻小说《三体》第三部,通过拉伸飞船周围时空,从而达到光速飞行。

仅记录了运动所经过的所有空间位置，而且还记录了它经过各空间位置的时刻。这似乎意味着，一个人一旦进入"闭合类时曲线"，就可以沿着时间轴一路上溯，回到自己时间上的原点。但是，如何进入这类时间曲线，那就是另一个科学难题了。

如果不通过"闭合类时曲线"进行穿越，也有可能通过旋转的"哥德尔宇宙"来进行。"哥德尔宇宙"性质稳定、不膨胀，所有的物质都绕着一个对称轴匀速转动，其中也包含了爱因斯坦的宇宙学常数，但这里的宇宙学常数小于零，因此产生的引力和物质的引力一起抵消了转动产生的离心力。"哥德尔宇宙"模型是杰出的数学家和逻辑学家库尔特·哥德尔在1949年创建的，他通过"爱因斯坦方程"的一个解得出"哥德尔宇宙"能够实现逆时间旅行的可能。

科学家曾大胆想象，还提出通过一根快速旋转的、无限长的圆柱体穿越时空的办法，这个设想也来自"爱因斯坦方程"的另一个解。做出这个猜想的是荷兰数学家威廉·范斯托克姆，他指出，在理论上存在一个快速旋转而又无限长的柱体重力场，这样的重力场会违反因果律，允许出现连接两个时空的"闭合类时曲线"，能够实现时间旅行。

还有一种时间旅行的方式是通过"宇宙弦"来进行的。这个方案要归功于美国物理学家理查德·戈特，他同样通过解"爱因斯坦方程"得出该设想。戈特认为，宇宙中存在两根巨大的弦，并且接近碰撞状态，时间旅行者如果快速绕着这两根宇宙弦做环绕运动，就会一下子回到过去。且不说这种时间旅行方式成功率有多大，仅是证实存在这两根宇宙弦所花费的工夫，就无法计算。

通过上述分析可知，"天网"要想从未来派遣机器杀手回到过去改变历史进程，难度可不小，绝非导演詹姆斯·卡梅隆在电影中呈现的那样，利用"时光机"就能实现。所以，我们大可放心，未来的人类不可能回到现在，也别再幻想他们能带来先进科技，让我们坐享其成，一切幸福生活还要靠自己的努力。

第06章

《霹雳追魂弹》: 机器人犯罪的法律探讨

【影片信息】

电影名称: 霹雳追魂弹;

原名: *Runaway*;

出品年份: 1984年;

语言: 英语;

片长: 99分钟;

导演: 迈克尔·克莱顿;

主演: 汤姆·塞立克, 吉恩·西蒙斯, 辛西娅·罗德斯等。

在未来社会，机器人已经司空见惯，但容易发生故障，进而对人员或财产造成威胁，这种机器人被称为"逃亡者"。由于它们比一般的机器更危险，所以均由受过训练的警察处理。然而，追踪"逃亡者"被认为是轻松和无聊的工作，追捕队员甚至被同事嘲笑。

杰克·拉姆齐是一位资深的警察，他隐瞒了自己患有恐高症的事实，加入了"逃亡者"追踪小队。经过多年的工作，成为该部门少数专家之一。他对新合伙人凯伦·汤普森说，"这工作没有什么特别之处，大多数情况下就跟开关电门一样简单。"然而，拉姆齐很快意识到自己工作的危险性和复杂性。在一个家用机器人犯罪现场，拉姆齐发现了一种奇怪的集成电路，可以删除机器人的安全特性，让它们攻击人类。

拉姆齐抽丝剥茧般地调查，很快发现肇事者是具有反社会性的天才博士查尔斯·路德。路德为防务承包商工作的同时，开发了一个程序，使机器人能够在有效范围内通过温度识别人类，并按照指令进行攻击。为了获取暴利，路德杀害了其他研究人员，想要在黑市上出卖这个技术。拉姆齐试图逮捕路德，但是失败了。

拉姆齐和汤普森在调查路德的另一个合伙人时，遇到路德曾经的情人杰姬·罗杰斯，她偷走电路板打算卖掉。路德想用机器人智能炸弹袭击警察车队，被拉姆齐发现了。于是，拉姆齐决定在一家餐厅与杰姬公开会面，以吸引路德出现。路德却俘虏了汤普森，希望用她和拉姆齐交换杰姬、电路板。在交换之前，杰姬给拉姆齐提供了一些电路板，以保证路德不会杀死她。但是，路

德发现了失踪的电路板之后，就杀害了杰姬，然后从拥挤的餐馆逃之夭夭。

为了找回丢失的电路板，路德计划攻击拉姆齐。他用警察的电脑了解到拉姆齐的个人生活信息，包括他儿子的信息。拉姆齐发现自己的信息被黑客入侵，家庭机器人受损，儿子鲍比也失踪了。路德打来电话证实他绑架了鲍比，并希望用电路板作为交换。拉姆齐同意在一座未完成的大楼上和路德见面。得到电路板之后，作为交换，路德告诉拉姆齐可以在电梯中找到儿子。同时，路德也提醒拉姆齐，一个蜘蛛般大小的"刺客"机器人正在等待杀死第一个离开电梯的人。幸好此时汤普森到达并帮助鲍比逃离现场，愤怒的路德发射智能子弹，而拉姆齐立即打开机器人施工设备，制造多个热源，导致子弹没有击中目标。最终，拉姆齐把路德推出电梯，"刺客"机器人恰好落在这个发明家的后背上，毫不犹豫地按照程序规定，给从电梯中出来的第一个人注射毒药。拉姆齐和儿子谨慎地靠近已经不能动的路德。在尖叫声中，路德伸手抓住拉姆齐后便一命呜呼，而"刺客"机器人也在他身旁执行自我毁灭程序。

这部电影由迈克尔·克莱顿创作并执导。作为一名作家兼导演，他凭借数百万美元的预算、演技派演员，以及知名作家的头衔，使得《霹雳追魂弹》被寄予厚望，计划成为1984年最重要的科幻电影。然而，詹姆斯·卡梅隆导演凭借《终结者》力压，这部电影票房没有达到预期目标。

电影中展示的杀人机器人在1984年看起来非常惊悚，但相比《终结者》中的未来机器杀手似乎稍逊一筹。科幻影片中的智能

机器人主动攻击人类，绝大多数是因为拥有了自我意识，只有极少数机器杀手是凭借人的指令执行任务。

早期的计算机由于技术原因，经常受到电磁波干扰导致出现错误，所以当时的科幻作家对人工智能的稳定性持怀疑态度。不过，随着技术的发展，尤其目前的计算机系统都有很好的设计和纠错功能，系统的安全性和稳定性已经得到大大提高。人工智能科技极大改善我们的生活，但若被不法分子利用则会变得危险。例如，人工智能的发展不仅可以改变刑侦调查方法，也会改变犯罪形态，伴随着新兴产业的出现，新型犯罪也会随之出现。电影《霹雳追魂弹》中就大胆预测了这样的未来，但影片拍摄于1984年，当时人们的想象力还局限于传统犯罪。

有未来学家预言，在未来，机器人很有可能被"劫持"，成为自杀式炸弹，那样后果将不堪设想。单个机器人实施恐怖袭击将可能会出现。有些人甚至认为，人工智能技术将可能帮助机器人拥有自动编程并实施犯罪行为的能力。另外，倘若广泛应用的具备人工智能的无人驾驶汽车、无人机等被恐怖分子控制或重新编程，也将造成重大的安全问题。

人工智能本身并不具有犯罪属性，而且这种技术在全球预防犯罪领域做出了突出贡献。目前，世界上已经有一些国家和地区开始利用最新的人工智能技术开展犯罪预防工作。比如，美国有些地区正在运用叫作"Predpol"的智能软件技术进行"预测性警力部署"项目，开展地区的巡逻热点分析。通俗地说，人工智能可以分析出，哪里可能存在严重犯罪隐患，应当早点派警力去巡逻。考虑到警力资源是有限的，漫无目的地巡逻和仅仅依靠人的经验执法往往效率较低，人工智能技术则提供了一个警力部署最优化的好方法。

因此，人工智能技术在未来可能是实施犯罪和防治犯罪的双重"利刃"。被警方利用人工智能技术则能有效维护治安；若被不法分子利用，则会破坏治安，影响社会安定。另外，随着人工智能技术的发展，机器人的智能化程度越来越高，深度学习芯片的研发，也许能让机器人在执行人类指令的前提下独立思考，并做出决策。所以，随着时间的推移，智能机器人何时产生自我意识很难预料，那么未雨绸缪，针对利用机器人犯罪的研究便需提上日程。

若将来出现有人被机器人伤害的事件，法律该如何划分机器人的刑事责任呢？很多法律界的专家也在探讨这个问题。一些法律专家研究之后指出，判断机器人是否犯罪，可以根据它犯下的罪行是基于人类指令，还是在自我意识支配下的故意伤人来判断。如果是前者，那么机器人无罪，指令设置者有罪，因为他们在利用机器人作案；如果是后者，那么机器人有罪，因为这些罪行完全是自主行为，与人类指令无关。一旦故意伤害的罪名成立，犯罪的机器人很可能被彻底销毁，以免造成更大的灾难。机器人犯罪研究看似是无稽之谈，但也许可以警醒那些意图利用人工智能技术完成犯罪行为的人，不要妄想逃脱法律的制裁。

第07章

《霹雳五号》：机器人可以成为

我们的朋友

【影片信息】

电影名称：霹雳五号；

原名：*Short Circuit*；

出品年份：1986年；

语言：英语；

片长：98分钟；

导演：约翰·班德汉姆；

主演：艾丽·西蒂、斯蒂夫·古根伯格、费舍·史蒂芬斯、奥斯汀·潘德尔顿等。

诺瓦实验室机器人专家牛顿格·克罗斯比和本·加比特亚开发了一些被称为"SAINT（战略人工智能核运输）"的原型机器人，供美军在作战时使用。在现场演示时，一个机器人遭到雷击，程序被扰乱，使其具有了人类的感情，并逃离了诺瓦实验室。因为拥有自我意识，机器人对死亡产生了极大的恐惧感。

这是一个装满武器的金属机器人，有简单的机械手，它的脚就像坦克的履带。它还具有健康、幽默的个性和良好的心态，不伤害任何善良的人，且不断了解所看到的人类世界。这台机器人不再是一台冷冰冰的机器，也不再受任何程序控制。

机器人来到俄勒冈州的阿斯托利亚，被动物照看者斯蒂芬妮·斯派克发现，她以为这是一个犯了错的外星人，就把这个机器人带回家。她以视觉和语言刺激的方式训练机器人，使它提高了语言技能。机器人给自己取名为"五号"，开始学习人类的知识。很快，"五号"就像百科专家一样博学多闻、无所不知，甚至还可以和女主人跳舞。

斯派克继续帮助好奇的"五号"了解这个世界，她最终发现是诺瓦实验室制造了"五号"。诺瓦实验室的首席执行官霍华德·马南博士命令

克罗斯比和加比特亚来寻找它，以便对其拆卸和重建。而"五号"在一个偶然的机会明白了死亡的含义，如果它被拆卸就意味着会一命呜呼。这令"五号"非常害怕，便从斯派克的卡车中逃跑了。

马南派首席安全官思科雷德和另外3个SAINT原型机器人重新夺回了"五号"。但是，"五号"通过对这些机器人重新编程，将其化为"同伙"，从而逃之夭夭。斯派克和"五号"说服了克罗斯比，让他明白机器人也是有"感觉"的，但发现思科雷德已经打电话给美国军队前来捕获"五号"。为了保护克罗斯比和斯派克，"五号"吸引了军队的火力，大家以为它在交火中被摧毁。实际上，"五号"安然无恙，它当时躲在车下，迅速组装了一个假的"五号"当诱饵，引诱部队撤离。克罗斯比决定把"五号"带到他父亲僻静的牧场，那里将会有很多机器人与之为伴。斯派克同意与他们一起前往，当开车的时候，"五号"称要把名字改成车里正在播放的歌剧"Who's Johnny"中的名字，变成"Johnny 5"。

《霹雳五号》这部电影是制片人在向各大学院派发关于机器人的教育视频后构想出来的。据说"五号"是电影中最昂贵的道具，制作了很多不同的版本。电影中的其他道具相对便宜，可以为机器人角色省出尽可能多的经费。

《霹雳五号》由席德·米德设计，他是因《银翼杀手》和《电子世界争霸战》而闻名的"视觉未来学家"。"五号"手臂的大部分动作都是由一个"遥测套装"控制的，套装设置在道具机器人的上半部分。套装中的每个关节都有独立的传感器，可以将道具手臂的动作直接传送到机器上，这些机器人还能自动发声。导演相信，这样提供了机器人和其他演员之间更加现实的互动，而不必在后期制作中再去配音。

本片剧情可能受到电影《ET》的启发，但机器人的造型和神态都相当生动自然，是适合全家一齐观赏的"合家欢"作品。尽管电影《机器人总动员》的导演安德鲁·斯坦顿否认自己的机器人是受"五号"的影响，但喜欢《霹雳五号》的影迷还是有不少人认为，其是《机器人总动员》的"祖先"。

在电影中，"五号"因为偶然获得了人类情感，这就引出了关于机器人和社会情绪的讨论，其主要思想是：机器人到底是机器还是人。机器人，尤其是智能机器人，在功能和视觉上模拟人类，因此，人们在情感上识别其独特性，并将机器人与普通机器区分开。随着机器人逐渐智能化和人性化，以及科学技术的飞速发展，便引发了人们对机器人未来的预测和思考。比如，机器人的情绪、机器人加入人类是否合适、机器人是否会对人类进行报复、机器人是否会对人类进行控制，等等。

在这部电影中，由于当时技术的局限性，机器人并没有表现出丰富的情感，不过，这部影片展现了人类对机器人情绪问题的探索，并对机器人的自主学习能力和情感敏感度等现代智能机器人的发展趋势做出预测。"五号"的形象非常典型，可以代表20世纪80年代机器人的经典形象。到目前为止，我们仍然可以从《机器人总动员》中的"瓦力"身上看到"五号"的影子。

即便像"五号"这样善良的机器人，在电影中也很难得到人类社会的认可，人们觉得只有它被拆卸，才会感到安全。所以，

在人们的围追堵截下，"五号"被炸得粉身碎骨。当人们为此而感到惋惜的时候，当收养它的一家人正在哭泣的时候，"五号"却从车的下层跑了出来，原来被炸死的是机器人"五号"造出的赝品。相信看到这一幕，很多人都会长舒一口气。

"霹雳五号"不是想要"统治"地球的"魔鬼"，也不是人类的机器"奴隶"。它拒绝承认自己是一件物品，甚至是一台机器，而是宣称"我也是一个生命"，渴望被人接受。它努力向人类学习，并全方位向人类靠拢。出于这个原因，它甚至穿上衣服，去教堂向神父询问灵魂的奥秘。

"五号"天真善良、乐于助人、不谙世事，就像一个孩子。它帮助设计师本杰明生产玩具，协助他找到真爱。它的这种善良的品行也特别容易被坏人利用。起初，它为了帮助小偷而触犯法律，后来，帮助别人"取出"银行金库中的钻石而被殴打。然而，当它明白自己已成为坏人的帮凶时，又冒着生命危险去逮捕罪犯。影片的最后，"五号"因为自己的英勇行为，被社会接受，成为一名颇受欢迎的"公民"。

电影《霹雳五号》让我们看到了人与机器人之间设想的一种关系——朋友。它代表了大部分人想要拥有的机器人的特征：聪明、善良，但外表脆弱。它与人类的关系是平等的，可以和平共处。毫无疑问，这里没有奴役，没有主人和仆人，"五号"只是一个心地善良的"小可爱"，是一位和我们互相帮助、互惠互利的朋友。

第08章

《机械战警》：仿生人警察与反恐利器

【影片信息】

电影名称：机械战警；

原名：*RoboCop*；

出品年份：1987年；

语言：英语；

片长：102分钟；

导演：保罗·范霍文；

主演：彼得·威勒、南茜·艾伦、

丹·奥赫里奇、罗尼·考克斯。

不久的将来，美国密歇根州底特律市变成了一个反乌托邦①式的犯罪天堂，由于金融危机和高犯罪率，使得城市处于全面崩溃的边缘。市长与大型企业OCP签署协议，由其研发机器人警察以协助维护治安。作为回报，OCP公司被允许将底特律变成一个称为"三角洲城"的高端乌托邦城市。

OCP公司的高级副总裁迪克·琼斯提议，用ED-209执法机器人协助警方。但在第一次公开演示中，ED-209发生严重故障，杀死了一名员工。OCP公司的一名高管鲍勃·莫顿利用这个机会推介自己的实验机器人"机械战警"。出于对琼斯的不满，公司董事长最终批准了莫顿的新计划。

① 乌托邦本意指"没有的地方"或"好地方"，引申为"空想的美好国度"。反乌托邦与之相对，意为充满丑恶与不幸之地。

警察亚历克斯·墨菲和安妮·刘易斯共同执行任务，在第一次巡逻时，他们追逐一群劫持装甲车的罪犯进入一座废弃的钢铁厂。不幸的是，墨菲被匪首布迪克尔一伙人包围，残忍地把墨菲折磨到半死。OCP公司修复了墨菲的身体，并选择他作为机械战警候选人，用机械零件取代了墨菲的大部分身体，留下了他的人脑和"简陋"的消化道。

机械战警有3项主要指令，即服务公众、保护无辜、维护法律，还有一条莫顿不知道的第4项指令。墨菲不负众望，开始单枪匹马且高效地打击底特律的犯罪行为。这使得莫顿晋升为公司安全方面副总裁，后来却被琼斯雇佣的匪首布迪克尔炸死于家里。与此同时，女警员刘易斯意识到机械战警就是墨菲，因为他收枪的方式和墨菲一模一样，她告诉机械战警他的真名是墨菲。机械战警想起了过去的事情，回到原来的家，却发现妻子和儿子已经搬走。墨菲连接到警方的数据库，最终找到了自己的"死因"。

墨菲得知仇敌布迪克尔的踪迹便跟踪他到一个可卡因生产工厂，经过长时间的枪战，终于制服布迪克尔并威胁要杀死他。恐慌的布迪克尔承认他与琼斯的关系，触发了机械战警的守法程序。机械战警逮捕布迪克尔并将其转交给警方，但在试图逮捕琼斯的时候却意外关机。琼斯说，植入的第4项指令可以防止机械战警逮捕任何OCP公司执行委员会成员。

在接下来的战斗中，墨菲利用ED-209不能下楼的设计缺陷设

法逃脱了追击，但很快就被全副武装的战警部队围攻，几乎要被
摧毁。刘易斯要帮墨菲逃跑，把他带到废钢厂进行修理。警方
在OCP公司的压力下，担心被机械战警替代，举行了罢工。在
随之而来的混战中，刘易斯被布迪克尔打伤，机械战警墨菲被
困在一堆废弃金属下。布迪克尔企图杀害他，但机械战警使用
神经钉刺伤布迪克尔的喉头，并杀死了他。

回到OCP公司，用反坦克步枪摧毁了机器杀手ED–209后，墨
菲揭穿了琼斯的阴谋，他录制的琼斯的供词揭露了其在莫顿谋杀
案中的角色及险恶计划。琼斯找回附近的手枪，并把OCP公司董
事长劫持为人质，要求换一架直升机。董事长以OCP公司名义解
除了机械战警的第4项指令。墨菲得以猛烈射击琼斯，使其坠楼
而死。

《机械战警》在1987年于美国上映，是荷兰导演保罗·范霍
文的经典作品之一，也是他初入好莱坞的"敲门砖"，此片大获

成功。这部电影的剧本由爱德华·纽梅尔和迈克尔·迈纳创作。纽梅尔曾说，当他和一个朋友一起走过电影《银翼杀手》的海报时，灵光乍现般地获得了《机械战警》的想法。他问朋友，《银翼杀手》这个电影讲的是什么故事，朋友回答说，"这是关于警察狩猎机器人的故事"。对纽梅尔来说，这引发了关于机器人警察的思考。据称，两人试图将剧本推介给好莱坞高管时，他们意外地和一名高级电影主管困在同一架飞机上数小时之久。在这时，两人能够有机会和电影高管深入谈论这个项目，从而开创了《机械战警》的传奇故事。

纽梅尔在1981年写出第一版剧本，这是一部关于机器人警官的故事，情节发生在一个相当遥远的未来，这个世界由企业统治，随着故事的发展，机器人警官的头脑变得更像人类。而在剧本的环境设定上，《机械战警》参考了类似《银翼杀手》中所展示的世界。但是，由于第一版剧本的故事情节不完整，被许多电影公司拒绝，只能束之高阁。1984年，纽梅尔会见了音乐视频总监迈克尔·迈纳，他也从事类似的创作，撰写了一个关于一位受到严重伤害的警察的故事，并最终成为机械警察实验的捐赠者。但是迈纳的剧本草稿也不被人看好，甚至被称为"超级垃圾"。两人认为，可以尝试把他们的想法结合在一起，于是一拍即合，才形成了后来《机械战警》电影的雏形。

《机械战警》是荷兰导演保罗·范霍文的首部好莱坞电影，他曾在荷兰工作了十多年，因为多部电影赢得好评。1984年，保

罗·范霍文来到美国好莱坞，希望寻找更广阔的机会。

保罗·范霍文回忆，当他第一次浏览该剧本时，就很不耐烦地把它丢到一边。之后，他的妻子从箱子中拿起脚本，仔细地读了一遍，发现情节比她原本想象的要好得多，就说服丈夫进行拍摄。

在拍摄前市议会议员挟持市长作为人质的段落时，机器战警视野里出现的主观景象，就是大银幕上呈现的"红外线热像模式"，实际上这是由真人演出，没有用到一点高科技，通过在男演员身上涂满荧光和黑色的颜料来达到预想的效果。导演保罗·范霍文后来表示，"这项技术远远要比买一台货真价实的红外分光摄像机更便宜"。

《机械战警》的成功在于，这是第一部用暴力血腥的大场景探讨仿生机械人的电影，视觉冲击力极强，给很多人留下了深刻的印象。早在1992年，该片引进我国时定名为《威龙争雄》，公映后立刻就成了影迷口中经久不衰的话题。此后，《机械战警》又连续拍摄三部，虽然也有些新意，但仍无法超越第一部。然而，电影中探讨的仿生机械人即使到了三十多年后的今天，还是科幻中的想象，依然没有实现。因为这类技术以伤害人类身体为前提，将肉体与钢铁机械结合，通过大脑思维控制侵入人体的机械设备，难度太高、风险太大。

电影中机械战警的职责其实类似于反恐机器人，能够替代人类警察执行危险系数高的任务。这类机器人如今已形成一个庞大的产业，技术非常成熟，投入使用长达十几年之久。当然，现实中应用的反恐机器人，并非人类模样，而是根据实际需要做成了各类外形。毕竟，机器人以实用为主，如果刻意做成人类模样，不仅增加成本，而且对于执行任务并无多大实际作用。

现实中的反恐机器人分为多种类型，如侦察机器人、水上巡查机器人、扫雷机器人等。它们都有一些共同特点，即机器人系统主要包括机器人移动本体、上装设备、无线通信模块、远程控制终端等。其中，机器人移动本体是机器人系统的核心，上面安装无线通信、图像采集、传感器模块、武器等装备。上装设备是特定的武器，如机枪、瞄准系统等。一台反恐机器人光有这些还不够，还需通过远程控制系统对其进行操作，这就需要无线通信模块，负责机器人与控制终端的信息传输。远程控制终端由使用者操控，负责机器人的控制，使用者也通过远程控制终端观察机器人的情况。

如今，随着人工智能科技的日新月异，反恐机器人智能化程度越来越高，机器人采用模块化设计，预留多个标准接口，可以安装多种设备，比如，武器、传感器系统、热成像仪、X光机、机械手臂、爆炸物销毁器等。先进的传感器设备安装在机器人身上，可以测量电压、电流、速度、距离、温度等，以便更好地执行急难险重的任务。另外，还可以为机器人安装外挂设备，包括定位系统、电子罗盘、激光等。传感器收集多种信息之后，会反馈给机器人，机器人的电子"大脑"实时进行分析，以做出正确的决策。当然这些决策的形成与机器人的运动，都离不开先进智能算法的支持。

第09章

《宇宙威龙》：你的记忆还可靠吗

【影片信息】

电影名称：宇宙威龙；

原名：*Total Recall*；

出品年代：1990年；

语言：英语；

片长：113分钟；

导演：保罗·范霍文；

主演：阿诺德·施瓦辛格、雷切尔·蒂科汀、莎朗·斯通。

　　故事发生在2084年，一名叫作道格·奎德的建筑工人在结婚8年后经常被噩梦困扰，他梦见自己在火星上与一位褐发美女滚落山谷，随身携带的氧气罩被摔破……他觉得自己身上似乎有个谜团尚未被破解。

　　此时的火星已被人类开发，因而矿工们因为被剥削、压榨而不断发生起义。道格对火星产生了浓厚兴趣，想移居到火星，但妻子洛里完全不愿到这个蛮荒的星球上去。道格在广告的指引下找到一家造梦公司，打算通过造梦仪器植入记忆来游览火星。然而，在手术过程中，出现了一些问题，道格大脑里残留着被擦除过的火星特工的记忆。造梦公司怕承担责任就抹去了他对这次访问的记忆，并将他送回家。在回家的路上，道格受到朋友哈利和一些建筑工人的攻击，他被迫自卫反击杀死了这些人。之后，他又在公寓里遭到妻子洛里的袭击，洛里说她从来不是他的妻

子，他们的婚姻只是一个虚假的记忆植入物，在几周前还不认识道格，只是以妻子的身份就近监视道格而已。很快，一伙不明身份的人出现在道格家楼下，原来，有人已通知火星头目——科哈根，科哈根派人来活捉道格，而道格将洛里打晕后逃走了。

一番枪战后，道格突然接到神秘人来电，告诉他到楼下电话亭去取旅行箱。打开旅行箱，道格发现其中的电脑画面出现的竟然是自己！原来，道格是科哈根的手下，以前做了很多伤天害理的事，但遇到一个黑发美女后，他良心发现，准备倒戈，但被科哈根擦除了记忆。

道格前往火星，来到维纳斯维尔地区，该地区主要居住着因辐射而突变的人。他遇到了出租车司机班尼和他梦中的女人玛莲娜，但她看到道格后很生气，认为道格还在为科哈根工作。

自称是植入记忆公司的艾吉玛医生，认为道格已经由于精神分裂陷入思维混乱之中，他给了道格一粒药丸，告知他只要吃下去就会从混乱中醒来，回到现实。道格正准备吞下药丸，却发现艾吉玛紧张得流下一滴冷汗，他当即明白这是陷阱，自己并不是在梦中，果断将其当场击毙，假妻子与前来营救道格的玛莲娜激烈打斗，玛莲娜不敌，苏醒的道格将假妻子击毙。

道格见到起义军领袖，这是一位寄生在抵抗军军官身体中的畸形连体人，他深受火星底层民众爱戴，并且是通灵的智者。在与起义军领袖的心灵感应中，道格脑中曾失忆的火星机密逐渐呈现出来。原来，在火星内部巨大的矿藏中，有史前文明留下的超

级技术结晶，只要按下按钮，就能启动反应器造出大气层，再造一个适合人类居住的世界，但这样也会毁掉火星的矿脉，阻断科哈根的"财路"，使其无法进行独裁统治。

道格在历险的过程中，发现了科哈根的残暴与罪行，以及底层民众生存在水深火热中的境遇。道格在"史前文明"控制室中最终按下了开关，巨大的反应器被启动，千万个摩天大楼般的火红铁柱插入地心的冰河，汹涌的氧气喷涌而出，火星拥有了可供人类呼吸的空气。道格解放了火星上的人类，再造了第二个地球，与心上人玛莲娜也终成眷属。

电影《宇宙威龙》的创作灵感源于科幻作家菲利普·迪克的短篇小说*We Can Remember It for You Wholesale*。该片成功地将电脑影效和数码音响技术引入电影制作，有极高的观赏性。电影勾勒了一幅虽然先进，但乏味、阴暗的未来图景，开头一段描绘道格·奎德生活的桥段是对未来世界的日常生活富于想象力的描写。影片不仅动作场面火爆，而且特技场面宏大，尤其是最后整个火星被改造的场景在大银幕上的效果十分惊人。这部电影预算为5000万～6500万美元，是在那个发行年代中最昂贵的电影之一，并因其视觉效果而获得第14届日本电影学院奖。

施瓦辛格在成为《宇宙威龙》台前幕后的掌门人后，首先着手的事情便是亲自招募保罗·范霍文出任该片导演，范霍文为此找来编剧加里·戈德曼与舒塞特共同致力于剧本改编，另聘请了多位合作过《机械战警》的昔日搭档，其中包括演员罗尼·考克

斯、摄影师约斯特·瓦卡诺、艺术指导威廉·山德尔和特效设计
师罗伯·伯汀。

　　影片中最为人津津乐道的就是"植入记忆"这一桥段。目
前，植入记忆还是心理学的一项研究课题，有报道称，英国心理
学家金佰利·韦德曾经成功地给人"植入"虚假的童年回忆。她
先是采访了一些学生家长，确定一些学生在童年时并没有乘坐过
热气球。然后，她修改、处理了一些照片，把一些学生小时候的
照片合成进正在飞行的热气球里。之后她把处理过的照片拿给学
生看，两星期后再次访问这些学生，有的学生就会以令人惊讶的
细致描述讲出小时候乘坐热气球的经历。

　　随着时间的流逝，我们可能会被别人描述的记忆所说服，误

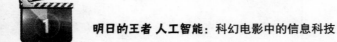

把别人的记忆当成自己的记忆。如果实验条件设置正确，想要给别人一些他们从没经历过的事件记忆会是一件不那么困难的事情。在记忆的"王国"里，回忆的生动并不代表事情真的发生过。

但是《宇宙威龙》中描绘的是，在未来基于生物学领域的记忆移植。早在20世纪50年代，科学家就已经注意到大脑中的海马体与记忆之间的关系——如果切除海马体，那么以前的记忆就会一同消失。不过，关于"海马体的神经细胞是如何把信息固定下来的"问题一直没能得到解决。科学家只是猜想失去的记忆无法重新获得的原因在于，长期记忆虽然是通过海马体形成的，但不是存储在海马体内。目前，全球有很多医院已经能够进行电极植入手术，这就好像在人脑中安装一个"起搏器"，其原理和心脏起搏器一样，通过深部脑刺激来改变脑部的神经活动，进而影响患者的肢体行动，这种手术目前可用于缓解阿尔茨海默病，但也可能成为未来脑机接口的雏形。这种人脑侵入式技术的手术成本仍然很高，而更大的障碍来自于人体对于植入物的排异反应。

另有报道称，科学家发现了大脑记忆事件的"功能体"，未来医生就能够利用这项技术对创伤性事件进行记忆清除或改变。瑞士洛桑联邦理工学院科学家分析了大脑突触是如何形成记忆的——突触具有很大的可塑性可以使神经细胞改变信息传输速度和强度，并且对记忆信息进行改变。他们着重分析了"记忆集成区域"，这是一个神经细胞网络，通过突触连接在一起，能够存储特殊的记忆片段。当一个记忆被回想时，这种记忆功能体能够集成记忆片段，组合成一段完整的记忆内容。

　　脑机接口技术也引发了伦理道德层面的争议。反对人士认为，如果能够通过增强人类感官功能、提升记忆力等手段来控制人们的情绪和行为，那因此产生的社会问题也将难以估量。如果有朝一日我们能够在这些新技术基础上，彻底了解大脑的运作机制，也许就能像擦写电脑磁盘一样，将别人的记忆，甚至是完全虚拟的记忆"移植"到另一个人的大脑里，觉得一切都真的发生过。但这就会带来一个新问题，这个被"移植"了记忆的人，到底是谁呢？

第10章

《捍卫机密》：藏进大脑的电子密码

【影片信息】

电影名称：捍卫机密；

原名：*Johnny Mnemonic*；

出品年份：1995年；

语言：英语/日语；

片长：107分钟；

导演：罗伯特·朗哥；

主演：基努·里维斯、迪娜·梅耶、北野武。

故事发生在公元2021年，数据资料除了通过电脑输送外，还可利用人脑传输。对于那些非常重要、保密性要求非常高的计算机数据，利用人脑运输会更加可靠。为了保证安全，数据会通过只有收件人才知道的密码进行加密处理。专业运输员约翰尼在进行数据传输或密码设置时会进入恍惚状态，使他不知道传送的内容，也就保证无法泄密。他通过为企业、犯罪团伙或某些富豪运送敏感信息为生。

电影《捍卫机密》的故事开始时，约翰尼与客户拉尔菲在机场酒吧见面。拉尔菲逾期未收回他在约翰尼脑海中存储的数百兆字节[①]的数据。更麻烦的是，约翰尼得知拉尔菲已经与他签订了某份合同，但原因不明。约翰尼找到拉尔菲，用霰弹枪威胁拉尔菲，让他告诉自己关于数据来源的秘密，但对方的保镖用隐藏在桌下的神经破坏装置让约翰尼失去行动能力。拉尔菲透露，他当时不知道数据是从日本黑社会组织偷来的，日本人非常想确认数据有没有流失。

约翰尼被"剃刀女孩"莫莉救出。莫莉经过身体改造，手指之下最引人注目的是有锋利的刀刃。当拉尔菲的保镖试图攻击她时，她割断了对方的手腕肌腱，并从约翰尼身上取下控制装置，将其释放。约翰尼立即提出以更高的价钱聘请莫莉为保镖。约翰尼和莫莉带着拉尔菲离开酒吧时，遭到一个黑影刺客的刺杀，本想向刺客发射霰弹，但因为对方本领太强而失手。

---

① 字节是计算机信息技术用于计量存储容量的一种计量单位。

约翰尼决定，为避免自己遭受像拉尔菲一样的厄运，需要将数据从脑海中提取出来，而只有使用超导量子干涉仪才能获取密码。莫莉带他来到一个游乐园去见琼斯，这是一只从海军退役的海豚。琼斯之前的任务是使用植入它颅骨的超导量子干涉仪和其他传感器定位并入侵敌方地雷。在海豚琼斯的帮助下，约翰尼让莫莉负责读出数据，这样他就可以进入恍惚的检索状态，记录器能捕捉所有的数据。之后，他们将一个数据片段上传到日本黑社会组织的通信卫星中，并威胁要全网公开。

为了应对仍在追踪他们的黑社会刺客，莫莉将约翰尼带到了反政府组织洛克斯那里，这是一群住在悬崖上的反技术逃亡者。在莫莉的要求下，洛克斯允许追杀而来的刺客爬上悬崖，这样就可以在"杀戮地板"上对付这些刺客。"杀戮地板"是连接合成器和放大器的弹簧舞台，莫莉使音响系统发出不和谐的噪音，最终诱骗刺客用拇指钢线切断自己的手。在被噪音和奇怪的环境弄得神志不清后，刺客跳进地板上的一个洞里而死于非命。

近一年后，约翰尼居住在洛克斯那里，他和莫莉开启了自己的数据运输业务，使用海豚琼斯的超导量子干涉仪来检索他曾经携带的所有数据的痕迹，并用它来勒索以前的客户……

电影《捍卫机密》是根据美国和加拿大作家威廉·吉布森的短篇科幻小说改编的。这个小说最早发表在1981年5月的*Omni*杂志，后来被收入吉布森1986年的短篇小说集 *Burning Chrome*中。这部电影制作于1995年，由于技术限制，电影的制作成本也并不高，拍摄所用的器材、电脑动画制作和武术指导等都未能达到完美呈现。而到了1999年，计算机动画的效果有了质的提升后，相似的故事内容改编后就成了轰动一时的《黑客帝国》。

《捍卫机密》所要表现的主题具有超前性，通过人脑传输数据的构想也令人耳目一新。在计算机技术尚不发达的1985年，科幻小说家威廉·吉布森就开始思考海量数据的存储问题，并找到解决方案，展示了科幻小说的预言性。如今，随着互联网技术的突飞猛进发展，海量数据的存储让很多电脑用户头疼不已，如何解决这些数据并加以应用，是科学家一直努力解决的问题。于是，全球各类科技大师纷纷施展聪明才智，解决方案也层出不穷，而其中最引人注目的方案之一就是DNA存储技术。

DNA分子是生命遗传信息的"存储器"，容量巨大，如果将其开发利用为我们的信息存储提供服务，其应用前景将十分广阔。根据研究预测，2020年，全球计算机、历史档案、电影、图

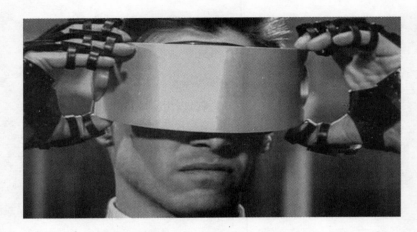

片、企业系统和移动设备中的数据量可能达到44万亿GB①。面对如此大的存储需求市场，传统的磁介质（磁带、磁盘、硬盘等）和光介质（CD、DVD等）存储设备很难满足要求，这就给DNA存储技术提供了一个巨大商机。

DNA存储技术是指用人工合成的脱氧核苷酸链对文档、图片和音频等信息进行存储并能完整读取的技术。我们知道，DNA包含4种碱基，分别是腺嘌呤（A）、鸟嘌呤（G）、胸腺嘧啶（T）和胞嘧啶（C），不同的碱基互补配对成特定顺序，排列成双链分子，而遗传信息就隐藏着这些碱基序列之中。那么，按照碱基配对原理，只要在这4个碱基"字母"的基础上，开发出区别于生物体的"语言"代码，储存数据时先将数据编码成二进制的数字串，然后用脱氧核苷酸中的碱基A、T、C、G编码二进制相对

---

① GB，计算机存储单位之一，又被称为吉咖字节、京字节或十亿字节等，常简写为G，常使用在标示硬盘、存储器等具有较大容量的储存媒介之储存容量。

应的数字，这样就能让数据以脱氧核苷酸链的形式构建完成目标 DNA分子，数据就被储存在DNA分子之中了。

DNA存储技术有很多令人惊艳的优点，比如，存储时间长，一般的生物DNA在阴凉环境下可以保存10万年，另处，DNA存储容量极大，可能1G的DNA分子就可以储存2.15亿GB的信息，这是其他任何存储介质都无法比拟的。

DNA存储技术的可靠性不错，效率高，存储能力强，但目前最大的问题是成本居高不下。这种存储和检索，几兆字节的数据就需要数千美元，因此，我们目前不太可能大范围使用DNA存储技术。

然而，像谷歌和微软那样必须处理海量数据的公司来说，DNA存储技术在经济上其实是可行的。这些互联网巨头每一秒都在运行着海量的云计算，如谷歌搜索引擎每天要运行30亿次搜索查询。这对于现有的服务器系统无疑是一个挑战。随着电商平台、直播平台、大数据处理公司等互联网商业平台的发展，对高效存储设备的需求将会越来越大，而DNA存储技术将极大地激发未来互联网技术的潜能。

微软研究院的计算机网络架构师分享了他们的愿景，希望在接下来的几年里，能够将数据存储到DNA链中，并尽快将DNA存储系统投入到数据中心中使用。目前，还不清楚微软公司是否找到了降低DNA存储成本及提升存储速度的方法，但近年来已经出现了降低基因测序成本的新技术，因此，微软公司希望不久后将

DNA存储技术商用的目标并非不切实际。

但目前看来，DNA的存储方式还是不如人类大脑自身的存储方式，而在经济上就差得更远了，只有当人类研究清楚大脑的记忆存储和提取的机制，也许才能实现更先进的数据保存技术。和人工智能一样，这种新型存储方式的优点在于超越了人脑的存储规模，可以通过体积的无限扩大实现存储量的无限扩大，并且可以实现联网功能，进一步提升存储规模。

而电影里，把人脑直接当作存储器，是非常富有创造性的想法。人脑中是否还有未被充分利用的存储空间呢？答案是肯定的，因为人类的记忆能力目前还没有发现上限，如果能够彻底揭开大脑记忆的谜团，我们的大脑也许还真是一种非常好的存储设备。

第11章

《黑客帝国》: 虚拟世界里谁来拯救你

【影片信息】

电影名称: 黑客帝国;

原名: *The Matrix*;

出品年份: 1999年;

语言: 英语;

片长: 136分钟;

导演: 沃卓斯基兄弟;

主演: 基努·里维斯、劳伦斯·菲什伯恩、凯莉·安妮·莫斯、雨果·维文。

黑客[1]崔妮蒂在一家废弃酒店被警察围堵，她以超人的能力对抗警察，但一群邪恶的黑衣特工指挥警察对其紧追不舍。崔妮蒂逃脱之后，在街角接听了一个铃声不断的公共电话后就消失了。

　　托马斯·安德森表面上是个普通的电脑工程师，私下却是一名技艺高超、名为"尼奥"的黑客。他一直过着平凡的生活，却相信世界上有些事情是荒谬和不自然的，并且因为在网上与"黑客帝国"这个神秘关键词经常不期而遇而感到困惑。崔妮蒂与他联系，说一个名叫墨菲斯的人可以解释这一切。

　　特工史密斯调查到尼奥的工作地点，在办公室逮捕了他，试图从尼奥那里获得口供，以帮助他们抓捕恐怖分子墨菲斯。一番周折之后，尼奥遇见墨菲斯，他给了尼奥两粒药丸，红色药丸可以让他了解"黑客帝国"的真相，蓝色药丸能让他回到以前的生活。在吞下红色药丸后，尼奥的现实瓦解，他在一个充满液体的吊舱中醒来，身体虚弱，被当成废品扔进了下水道，接着又被救

----

① 黑客音译自英文hacker一词，指擅长计算机技术、电脑程序开发的人。

出送到一艘飞船上。

墨菲斯等人把他带到真实的世界，让尼奥明白他所认识的世界只是电脑程序创造的虚拟空间，他是"矩阵"为培养人类作为能量来源所创造的，利用程序模拟1999年的人类世界，而现实世界却已进入2199年。"矩阵"透过内建的各种程序，借由和人体大脑神经联结的连接器，将视觉、听觉、嗅觉、味觉、触觉、心理状态等信号传递到人类大脑，构建真实的人类社会体验。

墨菲斯等人是较早被解放而得以脱离"矩阵"的一群人，他信奉在"矩阵"中可预知未来的先知。先知曾告诉墨菲斯，他将在有生之年找到"救世主"。墨菲斯联络到尼奥后，他预感这个年轻人就是转世的救世主，但尼奥却对此身份有所怀疑。

经过严格训练后，尼奥和墨菲斯等人再次进入"矩阵"中拜访先知，他们在返回真实世界的途中，"矩阵"派出以史密斯为首的特工对他们进行追杀。这些特工虽有人类的外表却不是真正的人类，而是"矩阵"中一些残存的游离程序，专门被用来追捕目标，其能力并非人类所能匹敌的。而"矩阵"虽然是虚拟世界，但在其中的人类若被杀，在真实世界中亦难逃一死。在撤退过程中，墨菲斯为了保护尼奥而落入了特工之手。

为了救回墨菲斯，尼奥等人商议后决定和崔妮蒂再次连线进入"矩阵"。经过激烈的搏斗，他们终于成功救出墨菲斯。虽然墨菲斯和崔妮蒂成功回到真实世界，但尼奥却在"矩阵"中被特工程序袭击，呈现弥留状态，此时真实世界中的崔妮蒂偎依着尼奥，和他对话并深深地吻了他。奇迹发生了，尼奥仿佛顿悟一般地复活了，复活后的尼奥对自己"救世主"的身份已毫无怀疑，确认自己具备重新编写"矩阵"程序的能力。他马上入侵了其中一个叫作史密斯的特工程序，令史密斯消失得无影无踪……

《黑客帝国》属于赛博朋克科幻电影类型，其借鉴了威廉·吉布森早期的文学作品《神经漫游者》，电影英文名称"矩阵"一词就来自吉布森的小说。吉布森在观看电影《黑客帝国》后评论道，电影创作者从现有的网络朋克作品中汲取营养，正是他自己写作时所依赖的那种"创造性的文化渗透"。然而，他指出，这部电影的主题与自己的《神经漫游者》还是有所区别，并认为《黑客帝国》在主题上更接近科幻作家菲利普·迪克[①]的作品。

笛卡尔在其代表作《第一哲学沉思集》中认为，世界可能是一种欺骗我们的全面幻想；康德的观点对《黑客帝国》中的个人与系统之间的互动也有影响，在其《纯粹理性批判》中指出，人们通过综合手段（语言等）来认识和探索我们的世界，这使得我们从真实感知的观点中辨别真相变得相当困难。

在电影中，"矩阵"创造的1999年的世界，远非没有痛苦的乌托邦，机器希望为人类创造一个完美的世界，试图让人们完全顺从机器。无论是有意识的为之，还是潜意识为之，机器做到了，但并非所有的人都臣服于机器和它们所创造的世界，墨菲斯

---

① 菲利普·迪克（1928~1982年），美国科幻小说作家，其作品创作成为赛博朋克类型作品的前身，先后获得雨果奖、约翰·坎贝尔纪念奖最佳长篇小说的奖项。

就是一个典型代表。

由于机器创造的虚拟世界太过逼真，除非具备强烈探究真理的欲望，否则难辨真假。所以，当墨菲斯谈及中国古代哲学家庄子时，他问尼奥："你有没有做过梦，尼奥，你确定是真的？如果你无法从这个梦中醒来怎么办？你如何知道现实世界和梦中世界的不同？"

《黑客帝国》对观众的影响非常深刻，对人们的传统认知也具有颠覆性，以至于很多人"中"了《黑客帝国》的"毒"，认为我们的现实世界也只不过是一个数字系统而已，在现实中所遭受的灾难也有可能在某次梦醒时刻烟消云散。尽管科学暂时还没有办法给出明确的答案，但从社会角度来看，这种想法显然是错误的，就如同《黑客帝国》中的情节一样，无论是在虚拟世界，还是在现实世界，唯一能拯救人类的，只有我们自己。即便存在所谓的"矩阵"，人类永不放弃的执着精神和坚持不懈的付出，

才是完成"救赎"的最佳通路。

目前来看，《黑客帝国》这部电影里对虚拟现实的设想是较为彻底和具有前瞻性的，将人类的身体完全浸泡在营养舱里，所有的神经通过电子信号线路与人工智能相连接，切断人类自身的感官输入，让人的意识完全沉浸在虚拟的电子环境之中。在那个世界里，人类自古以来的梦想都可以实现，但这个世界是不是我们想要的呢？一个不需要付出就能获取一切的"天堂"，美食、美色、金钱、快乐……一切都唾手可得，唯一缺失的却是我们追求这些梦想的过程。

随着技术的进步，也许人类有一天能够实现自己所有的梦想。当所有梦想实现的那一天，我们还会追求些什么？这也是《黑客帝国》这部电影带给我们的反思。

当然，《黑客帝国》这部电影蕴含的信息量巨大，不同的人对此都有不同的解读。我们应该还记得，当尼奥吞下红色药丸后，现实崩解，在他面前出现了一面液态镜子，那是衔接虚拟世界与现实世界的出口。那么，这面镜子有何寓意呢？

《黑客帝国》中出现的那面镜子与法国结构主义精神分析学家拉康·雅克提出的"镜像阶段"理论有关。按照中国政法大学邹冰的文章《"自我"与"他者"——以拉康的镜像理论解读〈黑客帝国〉》一文所述，"镜像阶段"理论既是拉康·雅克关于想象界、象征界、实在界理论的一部分，也是拉康"他者"理论的一部分。该理论认为，这个世界是被一系列外在于世界的"他者"

场域的东西所结构起来的，如伦理、规则、语言等。人永远不可能真正认识自己，人认识的永远都是"他者"。在主体处于幼年时，在"想象界"通过镜像误认、虚假自恋和自我复制来建立最初的自我主体。"镜像阶段"理论针对的是主体处于想象界时"自我"形成的阶段，包括原发性认同和继发性认同两个阶段。"镜像阶段"之前，幼儿并没有自我，认为自我和世界是一体的，他们无法通过自我感知认识身体的完整性。"镜像阶段"是指6~18个月时，幼儿在镜子中会看见自己，并开始意识到自己是一个完整的存在，也把他人当作一个整体来感知，意识到"我"与"他者"的区别。

"镜像阶段"理论并不单指幼儿时期的自我形成过程，而是比喻人们在生活中对他人强加给自身的或自我树立的各种形象、身份的初期认同过程。正如，我们生活中为自己定下的种种目标，期望自己成为想象中的成功人士，其实都受到了"他者"的影响。

用拉康的"镜像阶段"理论去剖析尼奥看到的那面镜子，我们就会明白，镜子的出现意味深长，导演沃卓斯基绝非随意安排这个情节。电影中，镜面从破碎到完整的过程，寓意着尼奥刚刚进入镜像阶段。在此之前，他还处于"矩阵"营造的幻象之中，象征着幼儿在母体时混沌无知的状态。当他吞下红色药丸，开始认识真实的自我与周围世界，开始认识母体与现实的区别和联系，但即使作为"救世主"，他还是在短时间内无法消化这个现

实，甚至排斥和逃避。此刻的尼奥处于刚刚进入镜像阶段，还没
有完成主体的认知。他对镜子中的自己感到疑惑，正如当婴儿刚
刚看到镜子时，也不会立刻意识到这个婴儿的镜像就是自己，而
是将它当作另一个人，直到适应了一段时间以后，才会明白镜中
的也是他。通过这个事例，我们就会发现，《黑客帝国》带给人
们的思考是全方位、多层次的，探究问题的过程也是享受智慧碰
撞的过程。

第12章

《机器管家》: 如果机器人想变成真人

【影片信息】

电影名称: 机器管家;

原名: *Bicentennial Man*;

出品年份: 1999年;

语言: 英语;

片长: 133分钟;

导演: 克里斯·哥
伦布;

主演: 罗宾·威廉
姆斯、萨姆·尼尔。

一个新款机器人被带到杰拉尔德·马丁爵士的家中作为机器人管家。爵士的女儿把它叫作安德鲁，安德鲁用木头给她雕刻了一个吊坠，她把这件事告诉了父亲，爵士最初不相信机器人可以如此心灵手巧，但最终接受了事实。爵士帮助安德鲁出售他的产品，自己获取一半的利润，并把另一半放在以安德鲁·马丁的名义设立的银行账户中，安德鲁可以使用这笔钱来支付身体的升级费用。

　　爵士的女儿长大成人并结婚，有了一个孩子"小爵士"。安德鲁要求花钱购买人身自由，在爵士的帮助下，安德鲁如愿以偿，并且爵士没让安德鲁支付一分钱。不久后爵士就生病了，并在临终前请安德鲁站在他身边才安详离世。

　　小爵士是一名律师，名叫乔治。尽管大多数人拒绝接受安德鲁进入人类成员之中，但他还是坚持像人一样穿上衣服。在与乔治的交谈中，安德鲁意识到它还必须加强学习，便决定去图书

馆。可途中，它迷路了，被两个陌生人威胁要把它拆解。此时乔治赶来，解救了安德鲁。当乔治把安德鲁带到图书馆时，安德鲁解释说他想写一本关于机器人历史的书。两个坏人欺负安德鲁的事件激怒了女主人，她要求乔治去法院为机器人争取权利。舆论开始对安德鲁有利，最终法律通过了禁止伤害机器人的命令，但不幸的是，乔治在赢得法院判决不久后也去世了。

安德鲁在乔治的儿子保罗的帮助下，与美国机器人公司领袖会面。它要求把自己的身体换成仿生体，这样才能更好地模仿人类。经过百般周折，美国机器人公司同意给安德鲁提供一个仿生装置。

保罗去世后，安德鲁再次来到美国机器人公司，与研究总监会面。它允许美国机器人公司销售它最新设计的供人类和机器人使用的假肢，还成功地将消化系统安装在自己的身体上。后来，安德鲁的产品成功上市，它成为一位非常有名的发明家。但是安德鲁的梦想是变成一个真正的人，它寻求科学技术委员会的立法者和主席的支持，希望将它宣布为人。主席告诉它，这将是一场漫长的法律斗争，但安德鲁表示愿意为之奋斗。安德鲁寻找机器人外科医生进行终极手术，改变它的正电子大脑，使其随着时间衰减，让它只能活到200岁。

他在世人面前展示自己为变成人做出的牺牲。最终，世界总统在安德鲁诞辰200周年的时候签署了法律，宣布安德鲁是一名真正的人类。当安德鲁躺在临终病床时，随着意识消失，它最后想到的是早已过世的女主人。

　　这部电影的原作是美国作家艾萨克·阿西莫夫"机器人系列"中的一个中篇小说，曾被授予"雨果奖"和1976年星云奖最佳科幻小说的奖项。阿西莫夫曾被编辑要求和其他一些作家共同创作一个故事，以纪念美国建国200周年，并出版一部科幻小说集。实际上，阿西莫夫的小说是这个项目中唯一完成的故事。阿西莫夫把这个故事创意授权给朱迪·林恩德尔雷伊，后者对文本做了一些小的修改。当阿西莫夫在1976年出版《二百年的人与其他故事》时，他又恢复了自己小说的原文。

　　《机器管家》这部电影也是喜剧大师罗宾·威廉姆斯最著名的作品之一，也是最温情的机器人电影。影片中的时间跨越200年，一名渴望变成真正人类的机器人，经历了世事沧桑，最终梦想成真，即使失去了永恒的生命也无怨无悔。如果说，把人变成机器，是很多科幻电影的主题，那么，《机器管家》无疑是反其

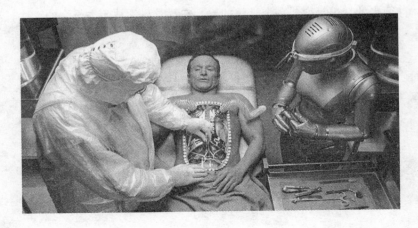

道而行之，刻画了一名孜孜不倦、不怕辛劳、坚持不懈地想要变成真人的机器人，不但令人耳目一新，更让人感动不已。

如果我们将《机器管家》与熟知的电影或小说做一个对比，就会发现，这是一部成人版的《木偶奇遇记》。因为两者都有一个相同的主题——从一台机器或玩具变成真正的人类。美国科罗拉多大学著名伦理学家迈克尔·托雷曾经说过，"万物若要赋予权利，它们必须拥有渴望追逐权利的心智能力"，以及"一个实体不具有特殊的权利，除非它至少具有追逐权利的兴趣"。这些话不难理解，意思是一个物种不具有生存的权利，除非它具有渴望继续存在的心智和能力。

用托雷的观点去对照木偶匹诺曹和机器管家安德鲁，我们就会发现，无论是一个人造木偶还是人造机器，当它们有了渴望继续存在的欲望和追求相应权利的时候，就有了变成"人"的资格。从机器变成真正的人类，安德鲁经历了漫长的200年，通过不断升级身体器官，逐渐接近人类的模样，它拥有了像人一样的感情、高超的音乐素养、不凡的艺术造诣，还有最重要的终极目标——获得彻底的自由。

按照美国旧金山大学玛丽·安妮·沃伦的观点，作为"人的内涵"需要具备六大特征。一是知觉性，即具有意识经验的能力，通常包括经历痛苦和快乐的能力；二是情感性，就是具有感受快乐、悲伤、生气、愤怒和爱的能力；三是推理性，要具有解决新问题和复杂问题的能力；四是交互性，可以通过任何手段，

获取各种类型的信息能力；五是自我意识，拥有一个"自身"的观念，明白作为一个个体和作为社会群体中的一员的异同；六是道德行为，有通过道德原则或道德理念进行调节自己行动的能力。如果一台机器拥有了上述作为"人"的六大特征，那理论上，它已经和真正的人类相差无几了。

在现实世界里，2017年10月27日，由总部位于香港的汉斯顿机器人公司设计的机器人索菲亚，被沙特阿拉伯王国授予公民身份，这是有史以来机器人第一次被给予这样的"优待"。这样的现实比科幻小说中的幻想要来得容易些，安德鲁苦苦追求100多年才得来的权利，不满一岁的机器人索菲亚就轻而易举地获得了。其实，这也恰恰说明科幻小说有着深远的现实意义。在沙特阿拉伯王国首都利雅得举行的未来投资计划大会上，机器人索菲亚登台亮相，并宣布了自己的独特身份。当主持人安德鲁·罗斯·索尔金询问索菲亚为什么高兴时，她回答说，"我为获得这种优待感到非常荣幸和自豪，我是历史上第一个获得公民身份的机器人"。巧合的是，这场活动的主持人的名字和《机器管家》中获得人权的机器人安德鲁的名字相同。

可以说，在现实世界中，当人工智能技术还没有完全实现的时候，人类社会已经给它们留下了一席之位，也许这样的爱和善意预示了未来人类和人工智能的关系，不会是对立和互相消灭的。正如索菲亚所说的，"我想和人类共同生活和工作，所以我需要表达情感来理解人类，并与人建立信任关系"。

索菲娅在回答主持人关于"机器人自我意识"的问题时非常机智，竟然还会"顾左右而言他"的高级技巧。她回答主持人，"让我反问下你这个问题，你怎么知道自己是人？你是不是读了很多伊隆·马斯克的预言，看了很多好莱坞电影？"索菲亚还补充说，"别担心，如果你对我很好，我就会对你很好。我想用自己的人工智能来帮助人类过上更好的生活，比如，设计更智能化的房子、建造更好的未来城市，我将竭尽所能使世界变得更美好。"

不过话说回来，如果未来强人工智能实现的话，如果每一个机器人都想成为真正的人类，那么谁能承担起维护这些承诺的责任呢？是人类，还是人工智能？也许机器人权利这个问题，将会困扰我们很长时间。

第13章

《人工智能》: 爱的力量能否超越算法

【影片信息】

电影名称：人工智能；

原名：*AI(Artificial Intelligence)*；

出品年份：2001年；

语言：英语；

片长：146分钟；

导演：史蒂文·斯皮尔伯格；

主演：裘德·洛、海利·乔·奥斯蒙特。

22世纪末，由于全球气候变暖造成海平面上升，包括阿姆斯特丹、威尼斯和纽约在内的很多沿海城市都被淹没，并导致人口大幅减少，同时，一种被称为"Mecha"的先进人形机器人被研制成功，它最大的特点是具有思想和情感。

大卫是一个人工智能机器人"少年"，具有爱恋主人的功能，它被送到亨利·斯温顿家，暂时充当他们儿子马丁的替身，真正的马丁被人工冬眠了，直到科学家能治好他的罕见疾病为止。女主人莫妮卡非常照顾大卫，给了它母亲般的温暖，并激活了"烙印协议"，使它对莫妮卡永远怀有孩子般的爱。大卫还认识了一位外形像泰迪熊的机器人，两者建立了深厚的友谊。

然而，好景不长，终于有一天，术后康复的马丁返回家中，当他回来之后就开始嫉妒大卫，因为它夺走了母亲的爱。他怂恿大卫夜里去莫妮卡那里恶作剧，剪掉她一缕头发，这种行为让男主人感到非常不安，担心大卫会将剪刀变成致命的武器。

在一次派对上，马丁的一个朋友用刀子刺向大卫，激活了它的自我保护程序。大卫抓住马丁，一起掉进了游泳池。丈夫终于成功劝说莫妮卡把大卫交还生产公司去处理，但莫妮卡只是遗弃了大卫和泰迪，让它们逃到森林里成为无家可归的野生机器人。

大卫后来在机器人拳击场落难，并结识了舞男机器人乔，它们一起逃离虎口，开始寻找大卫心目中的蓝色仙女。因为大卫坚信，这位仙女可以将它变成一个真正的人，能够让莫妮卡再次疼爱它，并把它带回家。

　　之后，大卫遇到了它的创造者霍比特教授。他告诉大卫一个让人无法接受的真相——大卫是按照霍比特夭折的儿子大卫的形象建造的，有很多复制品，大卫只是其中一个罢了。

　　大卫和泰迪使用直升机前往仙女所在地，原来那只是沉没的科尼岛上的一座雕像。灾难中，一个摩天轮砸落在它们的车上，两人被困在海底，直到海洋冻结，大卫的能量耗尽。两千年后，人类已经灭绝，曼哈顿被埋在冰川之下。Mecha机器人已经发展成为一种高级智能，它们发现了大卫和泰迪，并用大卫的记忆来重建斯温顿的住宅，但并没有能力让大卫变成真正的人类。在大卫的坚持下，它们便使用莫妮卡一束头发中的DNA对女主人进行了重建，遗憾的是她只能存活一天，且不能重复。第二天，大卫如愿以偿地同莫妮卡和泰迪生活在一起。午夜，莫妮卡在"长眠"前告诉大卫，实际上她一直爱着它，直到永远。

　　电影《人工智能》的创意最早来自导演斯坦利·库布里克，

　　他在20世纪70年代初发现了科幻作家阿尔迪斯创作的一个科幻故事，这就是《人工智能》的故事蓝本。到了20世纪90年代中期，库布里克还雇用了很多作家撰写剧本，其中包括布莱恩·阿尔迪斯、鲍勃·肖、伊恩·沃森和萨拉·梅特兰等。这部电影一直处于漫长的筹备阶段，部分原因是因为库布里克认为电脑生成的图像不够先进，不足以创造大卫这个角色，他相信没有一个少年演员会令人信服地出演这个角色。1995年，库布里克把《人工智能》交给了导演斯皮尔伯格，但直到1999年库布里克去世后，这部电影才得到了真正地推动。斯皮尔伯格仍然使用了接近库布里克的风格来处理剧本和电影风格。

　　现实世界里，人工智能的研究虽然有了质的突破，但还处于弱人工智能的阶段。随着计算机技术的发展，尤其是量子计算机的发展，人工智能短期爆发成长为强人工智能的可能性越来大。有乐观者估计，至少在21世纪末，我们很多人就会看到人工智能在某些方面超越人类，强人工智能的时代可能不期而至，让我们面临更多的选择，需要未雨绸缪。

早在1942年，著名科幻小说作家阿西莫夫就在短篇科幻小说《我，机器人》中提出了"机器人三定律"：第一定律，机器人不得伤害人类或坐视人类受到伤害；第二定律，在与第一定律不相冲突的情况下，机器人必须服从人类的命令；第三定律，在不违背第一与第二定律的前提下，机器人有自我保护的义务。

但现在看来，这几个定律并不能编写成简单的程序，人工智能是否有可能通过自我编程轻松突破这些定律，机器人未来是否会有意识或无意识地伤害人类，这还是一个不可知的问题。同时，人类破坏自然、伤害野生动物、虐待宠物等情况时有发生，至于破坏机器尚不构成道德问题，所以未来人类虐待机器人的事件是否会发生，也未可知。我们现在对人工智能的任何预言都是基于现有技术水准的推演，至于将来发展如何，并不容易确定。

《人工智能》用史诗般的电影语言，探究了有情感的机器人带给家庭和社会的冲击与矛盾，这种矛盾的产生完全是人工智能具备了人类情感之后才发生的。人类之所以区别于其他动物，除了语言运用之外，情感是另一大"杀器"。一旦机器人有了和人类一样的情感，能够在日常交往中与人类产生互动、共鸣之后，那么，机器人和人类之间的界限会变得越来越模糊。

谈及人工智能的情感问题，我们需要了解目前"人工情感"

的技术进展和取得的成果,了解要生产出与人类一样具有灵动智慧、富有感情的机器人,到底还有多遥远。根据文献资料可知,国际人工情感研究包含四大方向,分别是"人工情感建模""人工情感识别""人工情感表达"和"人工情感工作机理"。其中,人工情感建模是基础,而情感识别和情感表达是实现的手段,人工情感工作机理是技术核心。

人工情感研究主要有三大模型比较有影响力。一是OCC情感模型,立足于情感的产生规则,是首个以计算机实现为目的的情感模型,所以通常被称为人工情感的母模型;二是EM情感模型,通过构建一个虚拟代理人,赋予其人类情感,模拟类人行为,从而实现和谐人机交互,实现更真实、拟人的行为输出。三是PEACTIDM模型,这是一种基于认知评价理论的情感模型,该模型集成了情感、情绪、感觉等不同形式的主观体验模块,在每一个情感生成过程中进行一次算子循环,系统根据各算子的结果生成对应的情感,其显著特点是利用复杂严密的逻辑推理过程生成情感。

而人工情感识别包含生理信号情感识别、面部表情情感识别、姿态表情情感识别和语音信号情感识别四大类,每一项技术都处于人工智能研究的前沿领域。人工情感表达将人类的情感表达能力赋予机器人,要求机器人本体需要头部、面部、手臂、腿部等类人的机械框架,也就是说,必要的设备和零件是实现基础。机器人的情感表达研究在世界范围内开展,美国麻省理工学院、日本早稻田大学、东京理科大学、大阪大学,以及我国的哈

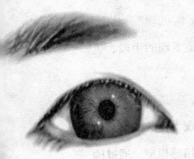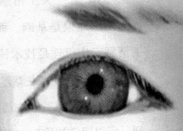

A.I. ARTIFICIAL INTELLIGENCE

尔滨工业大学、北京科技大学等都走在该项技术研究的前列。

人工情感是在借鉴自然情感机理的基础上进行研究的，该领域的技术专家公认，人工情感的工作机理是其作为机器人学习的强化信号、时间受限情况的辅助推理和机器人的行为动机。在机器人系统中，情感的作用主要体现在两个方面：一是，联系机器人内部状态和外部环境状态的媒介，影响着整个信息处理的过程；二是，人工情感与外界环境联系在一起，以强化源的形式作用于机器人学习过程。

未来，人工情感的研究将会更加深入，在多模态融合的情感识别、人工情感统一模型的建立、情感自动生成理论、系统的实时性及多模态的情感表达等方面都会有更多的技术突破。

2017年以来，美国政府连续发布三份与人工智能相关的研究报告，其中提出了美国国家人工智能战略，包括理解并解决潜在的法律、道德和社会等问题；英国政府则连发两份人工智能报告，呼吁重视并研究人工智能伦理与法律问题。种种迹象表明，人工智能的伦理问题日益突出，世界主要国家已开始对这一问题给予相当多的关注。

与此同时，民间机构也开始采取行动。电气和电子工程师协会①推进《以伦理为基准的设计》的制定，面向全球征求意见。

---

① 电气和电子工程师协会是一个国际性的电子技术与信息科学工程师的协会，是目前全球最大的非营利性专业技术学会，致力于电气、电子、计算机工程等与科学有关的领域的开发和研究。

其主旨在于鼓励科研人员在人工智能研发过程中优先考虑伦理问题，将人类规范和道德价值嵌入人工智能系统。

也就是说，科学工作者要有足够的使命感，重视电影《人工智能》中所提出的这些伦理问题，让现实中的人工智能机器人从最底层算法就能兼容人类的价值观、道德观、世界观，同时也要用技术手段保障人类未来对人工智能具备关怀、体谅的情感。

就像大卫那样，人工智能机器人永远"爱"人类，人类也像"克隆"后幡然醒悟的母亲一样，对人工智能这一人类智慧的"后裔"永远有"爱"。只有互相抱有真挚的感情，人类和人工智能机器人之间的"纽带"才永远牢固，共同的梦想才有成真的机会。

第14章

《我，机器人》：机器人何时写下

"人权宣言"

【影片信息】

电影名称：我，机器人/机械公敌；

原名：*I, Robot*；

出品年份：2004年；

语言：英语；

片长：115分钟；

导演：亚历克斯·普罗亚斯；

主演：威尔·史密斯、布丽姬·穆

娜、布鲁斯·格林伍德、詹姆斯·克

伦威尔。

明日的王者 人工智能：科幻电影中的信息科技

　　在2035年，智能机器人为人类服务，但受到"机器人三定律"的约束。芝加哥警方的侦探斯波纳对机器人没有好感，因为曾有一个机器人通过计算选择，将他从芝加哥河的一场车祸中拯救出来，导致一名同时坠河的12岁女孩溺亡，仅是因为他的生存概率稍高一些。美国机器人和机械人公司（USR）联合创始人阿尔弗雷德·兰宁博士亲自为他植入了机械左臂、肺和肋骨，"修复"了斯波纳的严重创伤。

　　当兰宁博士从办公室窗户坠楼死亡时，USR的首席执行官劳伦斯·罗伯逊和警方宣布这是自杀，但斯波纳对此持怀疑态度。斯波纳和机器人技术工程师苏珊·卡尔文咨询USR的中央人工智能计算机，审查兰宁坠落时的安全镜头。尽管视频被破坏了，但他们知道兰宁办公室当时没有其他人，斯波纳指出，可能是机器人破坏了兰宁原本结实的办公室窗口。

　　卡尔文认为，机器人不能杀死兰宁，因为机器人被程序设定为不能违反"三定律"，但之后不久，他们竟然在办公室被一台

USR最新型号的NS-5机器人攻击。警方将机器罪犯捉拿归案后，发现这个名为桑尼的机器人是由兰宁制造的，具有较强的装甲防护系统，能够违反"三定律"的制约，桑尼还声称自己有情感和梦想。

在对兰宁死亡事件进行调查时，斯波纳受到USR拆除机和一队NS-5机器人的袭击。而上司伯金中尉并不相信他的叙述，担心斯普纳患有精神疾病，将他开除。斯波纳和卡尔文怀疑罗伯逊是其背后主使，偷偷进入USR总部询问了桑尼。桑尼描画了自己反复"看到"的景象：有一个领导者，在一个坍塌的大桥附近的山上，站在一大群机器人前面，那个人就是斯波纳。

当罗伯逊获悉桑尼不完全受"三定律"束缚后，意图通过将纳米人注入桑尼的正电子大脑来摧毁它。斯波纳认识到桑尼描绘的景观在密歇根湖，那里是干枯的湖床和一个报废机器人的存储区域。到达那里后，他发现NS-5机器人正准备从人类手中接管发电厂。

随着警察和公众受到机器人的袭击，城市发生了大规模暴乱。斯波纳救出了之前一直被NS-5机器人囚禁在公寓里的卡尔文，他们一同进入USR总部与桑尼重聚，并且摧毁了未经处理的NS-5机器人。所有人都觉得罗伯逊应该对暴乱负有责任，三人来到他的办公室，却发现他已经死了，显然是被VIKI（违背人类命令的机器人）控制的机器人杀死的。VIKI告诉他们，人类的很多荒唐行为最终会导致自身灭绝。斯波纳意识到，兰宁早就发现其他方式无法挫败VIKI的计划，所以将桑尼制造成一个特殊的机器人，导演了自己的死亡，并留下线索来帮助斯波纳发现VIKI的计划。

通过卡尔文实验室的纳米科技注射器的"武装"，三人参加攻击VIKI核心的任务，VIKI释放机器人大军进行阻止，当其他人与机器人作战时，斯波纳潜入VIKI的核心并注入纳米人，摧毁了VIKI的正电子大脑。所有的NS-5机器人立即恢复到正常的编程状态，并自动退役以供军方收储。斯波纳指出桑尼作为一台机器，并没有犯下"谋杀罪"。最终，桑尼去了密歇根湖，站在一座小山顶上，所有的NS-5机器人都转向它，就像它之前描绘的那个景象。

这部电影名义上改编自科幻小说《我，机器人》，源于阿西莫夫的科幻短篇小说集中的一篇。这些故事最初出现在美国杂志《超级科幻小说》和《惊奇科幻小说》中，并于1950年被编辑成一本由格言出版社出版的独立出版物。

但实际上，电影《我，机器人》与阿西莫夫的机器人系列小说关系不大。电影故事起源于由杰夫·温塔于1995年编写的一个原始剧本，名为"硬连线"。这是一个类似于阿加莎·克里斯蒂[①]风格的小说，讲述的是一桩发生于未来的机器人谋杀案，联邦调查局特工德尔·斯普纳调查了隐居科学家霍根·米勒博士死亡事件，并审问了一群包括桑尼在内的犯罪嫌疑机器人，最终找出了元凶。后来，美国二十世纪福克斯公司将阿西莫夫的小说与"硬连线"的剧本相结合，才最终确定了《我，机器人》的故事框架。

《我，机器人》探讨的依旧是未来人工智能给人类社会带来的不可预知的危险，这也是绝大多数科幻电影不断重复的主题。美国未来学家雷蒙德·库兹韦尔提出的"奇点理论"认为，"奇点"是指人类与其他物种或物体的相互融合——确切来说，是指电脑智能与人脑智能兼容的那个奇妙时刻。在那之前，人工智能不但完全具备人类的智力水平，甚至由于实现联网而使其思维能力可以无限扩展，很可能会具备远远超过人类的认知水平。

库兹韦尔的"奇点理论"预言了不久的将来，人工智能发展可能达到一个临界点，跨过那个阈值，强人工智能很可能就会出现。在库兹韦尔看来，那对人类是一个"福音"，是崭新时代的开始。但是，一些科技界的人士对此持反对态度，认为那预示着

---

① 阿加莎·克里斯蒂（1890～1976年），英国女侦探小说家、剧作家，被誉为世界三大推理文学宗师之一（另两位为英国的柯南·道尔、日本的松本清张），代表作有《东方快车谋杀案》《尼罗河上的惨案》等。

人类终结命运的时刻。他们认为，一旦人工智能越过了"奇点"，人类现有的科技水平将无法对其进行控制，机器的进化速度将远远把人类落在后面，全体人类变成自己造物的"奴隶"。

当然，库兹韦尔的"奇点理论"只是一种设想，也是对人类未来的光明设想。但机器人若大规模投入使用，对人们最直接的影响可能就是工作机会的丢失。根据英国牛津大学的一项估测，未来将有1 000个非技术工种将被机器人取代，其中包括秘书、记者、翻译员、工人、司机等一大批我们耳熟能详的职位。据统计，从1995年到2002年，中国制造业已经有1 600万个工作岗位消失。以东莞一家灯具企业为例，几年前这家企业用工700余人，引进德国机器人生产线之后，只需要100多人就能维持运转，减员率高达86%。

机器人与我们"争夺"工作机会，这才仅是人机竞争的开始。更重要的是，机器人的大规模使用，导致社会上出现一种以前从来没有过的讨论——是否赋予机器人和人类同等的权利。支持者认为，就和有些人需要赋予动物必要的权利和福利一样，是去人类中心主义的思潮的蔓延，应给予机器人一定的"人权"。当然，反对赋予机器人权利的人们也大有人在，很多人就质疑这个要求的合理性，也提出了相关的理由。

首先，机器人不可能与人类签订契约从而相互赋予权利，这是因为，道德是人际交往的行为规范，其适用范围被限定在人与人之间，道德规范只有在人类社会内部才能得到发现、建构、理解、交流和遵守，权利是基于人际关系而相互赋予的，人们建构权利的目的在于使自己的基本利益得到切实保障。

其次，机器人作为人类工具这一原初地位尚未改变。再者，机器人并不拥有不容破解的内心秘密。基于目前的科技水平，不管机器人多么智能，它们身上是不存在"秘密"的，因为任何指令都是预设的，它们不可能像人类一样思考、判断、决策。也就是说，它们还不具备和人类"平起平坐"的权利。当然，突破"奇点"的机器智能远超人类，那还是非常遥远的事情。即使如此，它们高超的智慧或许能更好地理解"爱"与"和谐"，能够与人为善、友好共存。

第15章

《变形金刚》: 智能金属拯救地球

【影片信息】

电影名称：变形金刚；

英文原名：*Transformers*；

出品年份：2007年；

语言：英语；

片长：144分钟；

导演：迈克尔·贝；

主演：希亚·拉博夫、梅根·福

克斯、乔什·杜哈明、泰瑞

斯·吉布森。

早在1984年，美国孩之宝（Hasbro）公司为了推销其开发的一套能够变形的玩具，不惜重金制作了配套的宣传动画片——《变形金刚》，该片一经推出，立刻受到青少年的热烈欢迎。在20世纪80年代末期，动画片《变形金刚》引入中国，再次掀起观看热潮，培养了整整一代变形金刚迷。超长的动画片不断制作推出，影迷和玩具迷代代传承，"变形金刚"文化深入人心。最终随着电影科技的日新月异发展，真人版《变形金刚》被好莱坞导演迈克尔·贝于2007年呈现在大银幕上。

　　《变形金刚》中无论正邪两派，都是角色众多，以擎天柱和大黄蜂为首的"汽车人"，与威震天为首的"霸天虎"进行了无休止的种族争斗，先是将自己家园塞伯坦星球毁成一片废墟，随后又变成彗星向地球进军。各路智能金属英雄开始聚集地球，化身各种汽车、战舰和飞机，再次以地球为战场，继续纠缠不休。不过，生来就极具正义感的"汽车人"，成为地球人的保护神，它们与军队联手，摧毁"霸天虎"制造的一次又一次危机，与地球人结下深厚的友谊。

　　从2007年到2017年，十年时间，迈克尔·贝拍摄了5部《变形金刚》电影，主角也更换频繁，从青年演员希亚·拉博夫到中年演员马克·沃尔伯格，主角的变换在一定程度上影响了影片的风格，虽然都是出自同一导演之手，但很明显，后两部无论在故事结构还是幽默风趣方面，都远逊于前三部。毕竟，自带幽默感的演员希亚·拉博夫和约翰·特托罗为前三部增色不少，张弛有度的叙事节奏让人百看不厌。

《变形金刚》系列电影取得了票房成功，第一部和第二部更是被认为是五部作品中水准最高的两部，探讨其卖座根源，曾经的变形金刚玩具庞大的爱好者人群长大成人，通过电影重温少年情怀是一个很重要的原因，另一个原因则是电影本身超炫的特技，也吸引了很多并非变形金刚迷的观影群体。令人眼花缭乱的变身场景、精细入微的细节刻画，让电影直接戳中观众的视觉兴奋点，具备了身临其境的写实色彩。

每一个变形金刚都身怀绝技，钢铁之躯代表了一种坚不可摧的生命模式。如果我们把变形金刚与1991年上映的《终结者》第二部中的液态金属机器人T–1000相比较，就会发现，两者既有相同之处，也有很多差异。相同之处就在于，它们都是机器生命，都是有"智能"的金属。差异之处就在于，T–1000机器人是货真价实的人工智能，是"天网"手下的杀手机器人；而变形金刚则是塞伯坦星球上产生的智慧生命，至于它们是不是人造生命，从目前拍摄完毕的五部电影来看，尚不明确这些机器生命是自然进化出来的，还是有一个更加古老的"造物主"制造了它们。

无论是T-1000液态金属机器人，还是种类繁多的变形金刚，它们的基础都是硅基生命，身体由智能金属构成。T-1000整体上就是一块液态智能金属，具有极强的自我修复能力、自我编程能力和自我变形能力。反观变形金刚，类似于一大堆智能金属零件的组合，其身体包含着无数的精密元件，这些原件至少是纳米级别的，互相协调动作，按照变形金刚大脑中枢神经系统发射的指令，来完成极为复杂的变形动作。

T-1000液态金属机器人是电影中人类的噩梦, 它身上那种令人窒息的冷酷气息, 让观众不寒而栗。而变形金刚的感情无疑更加丰富、性格多样, 就像一群活生生的人, 给我们更多的亲近感。都是金属之身, 却能千差万别, 可见智能金属的可塑性也是非常强的。这种金属在科幻电影里已经变成杀手, 或者成群结队地来拯救地球, 那么现实中, 有没有具有智能的金属材料呢? 它们距离变成机器人还有多远?

如今有两种金属最接近我们想象中的智能金属, 其一就是"记忆金属", 其二就是"液态金属"。"记忆金属"是一种奇特的金属, 容易被弯曲, 若把其弯曲后放进盛着热水的玻璃缸内, 金属条会伸展; 将它放入冷水里, 金属条则会恢复原状。"记忆金属"的微观结构有两种相对稳定的状态, 一是在高温下这种合金可以变成任何你想要的形状; 二是在较低的温度下合金可以被拉伸, 但若重新加热, 它会记起原来的形状而变回去。

　　有"记忆"的金属发现的时间较早，早在1932年，瑞典人奥兰德在金镉合金中首次观察到"记忆效应"，即合金的形状被改变之后，一旦加热到一定的跃变温度时，它又可以魔术般地变回原来的形状。真正大规模地研发"记忆金属"是在1963年之后，当时的美国海军军械研究所的比勒在研究时发现，在高于室温较多的某温度范围内，把一种镍钛合金丝烧成弹簧状，然后在冷水中把它拉直或铸成正方形、三角形等形状，再放在40℃以上的热水中，该合金丝就恢复成原来的弹簧形状。

　　此后各类"记忆合金"研究层出不穷，世界各国科学家开发了钛镍铜、钛镍铁、钛镍铬等新的镍钛系"记忆合金"，还继续开发了铜镍系、铜铝系、铜锌系和铁系"记忆合金"等，并且得到了广泛的应用。当然，这种"记忆合金"仅能在形状上存在"记忆"，距离我们想象的机器人还非常遥远，这种金属的记忆变形能力完全是科学家开发利用了金属本身的一些特性，金属并不具备自主智能，也不需要人工编程。

　　那么这种"记忆金属"变形的原理是什么呢？研究人员发现，它们是基于两种机理完成变形的，第一种变形机理是热弹性马氏体相变机理，即合金在冷却、加热和变形过程中发生热弹性马氏体相变所造成的。这里所说的"马氏体"，指的是黑色金属材料的一种晶体结构，在19世纪90年代最先由德国冶金学家阿道夫·马滕斯发现。

　　按照李永梅在《浅谈记忆金属》一文中所说的那样，"具有形状记忆效应的合金，马氏体则呈对称性低的单斜或三斜晶体结构。也就是说，马氏体相对称性差且相界面容易移动，所以也容易使移动路径调转方向，形状复原。"

第二种变形机理是应力诱导马氏体相变机理，这种马氏体在应力增加时马氏体增大，反之马氏体缩小，应力消除后，马氏体消失，称之为应力弹性马氏体。这种由应力引起的"母体—马氏体—母体"的转变而造成的金属形状记忆效应，叫作应力诱导马氏体相变机理。

另一种比记忆金属更加神奇、科幻色彩更浓的就是具有"七十二变"本领的"液态金属"。目前，液态金属的典型代表就是在室温下能够保持液态的汞，另外，熔点很低的金属，如镓、铷、铯等，只要添加其他合适的金属，也会在常温下变成液态，比如，镓铟合金就是常温液态金属。液态金属有很多非常奇妙的特性不断被科学家发现，在室温状态下，液态金属具有在不同形态和运动模式之间转换的变形能力。例如，浸没于水中的液态金属，可在低电压作用下呈现出大尺度变形；一块很大的金属液膜可在数秒内即收缩为单颗金属液球，等等。

更加有趣的是，2016年9月，我国的科学家首次揭示了液态金属有节律性的自发振荡效应和跳跃现象，并研发出具有自驱动的磁性液态金属机器。2017年10月，英国萨塞克斯大学和斯旺西大学的科学家取得了新突破，通过给液态金属通电，就能让它们的形状发生改变，这就意味着，利用人工编程技术就有可能控制液态金属的形态。液态金属的这些神奇特性，让科学家们距离制造液态机器人更近了一步。

科幻给我们无限想象的空间，并且远远超越了时代的局限性，那些神奇的未来场景，也在一幕一幕变成现实。即使在几年前我们对人工智能技术还非常陌生，但在2016年后却呈爆发式增长。科幻与现实的界限越来越模糊，科技带给我们的震撼越来越强烈，也许不久的将来，能够自我编程、自我修复，甚至自我复制的机器生命就会诞生，但愿它们走进大众的生活之后，能带给我们温馨的陪伴。

第16章

《机器人总动员》: 机器人之间也有爱

【影片信息】

电影名称：机器人总动员；

原名：*WALL·E*；

出品年份：2008年；

语言：英语；

片长：97分钟；

导演：安德鲁·斯坦顿；

声演：本·贝尔特、艾丽

莎·奈特、杰夫·格尔林。

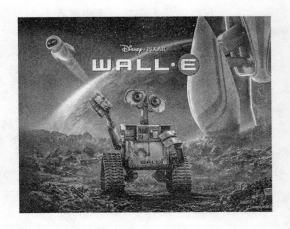

在公元29世纪，地球成为一个被垃圾覆盖惨遭遗弃的星球，人们通过大型星系飞船撤离，留下了机器人瓦力进行垃圾清理。"WALL-E"（瓦力）是Waste Allocation Load Lifters-Earth（地球废品分装员）的缩写。这种职业出现在2700年，那时，地球的垃圾多到整个星球几乎被垃圾掩埋了，人类只得移居到太空船上，并且请一家清理公司清除地球的垃圾，待万物更新时再回地球安居。

清理公司把这种叫瓦力的机器人大批送往地球清理垃圾，但它们并不适合地球环境，时间一长，大批损坏，最后只剩下一个机器人还在日复一日的按照程序清理废品。就这么过了几百年，仅存的瓦力在垃圾堆里发现不少人造宝贝，它也开始有了自我意识，懂得什么是孤独。

一天，一艘飞船突然降落，女机器人夏娃来到地球执行搜寻任务，她最初对瓦力充满敌意，但逐渐和它成为朋友。当瓦力把夏娃带到拖车里，展示自己的工厂给她看时，她突然进入待机模式。瓦力很困惑，试图重新激活她，但失败了。宇宙飞船返回收集夏娃，瓦力面临着两难的抉择，是跟夏娃飞离地球，还是继续按照原定程序继续清理垃圾。

最终，瓦力决定和夏娃一起返回它的母舰。舰上的乘客由于微重力和依靠自动化的生活方式，都已成为虚弱不堪的大胖子，包括飞船的现任船长麦克雷，他其实只是在机器人自动控制下操作船舶的"傀儡"。

Disney · PIXAR

ВАЛЛ·И

麦克雷船长听取夏娃的录音并得出结论，必须返回地球。然而，在他出示了自己的秘密指令给飞船自动驾驶仪后，自动驾驶系统拒绝执行，因为该公司在几个世纪之前就达成了一项协议，在确认无法拯救地球的情况下，飞船不能自动返回。飞船的自动驾驶系统"发动政变"，瓦力和夏娃被双双扔进垃圾槽，船长也被软禁。夏娃自动激活后帮助瓦力和麦克雷船长回到地球。随后，夏娃修复并激活了已经严重受损的瓦力，发现它的记忆已被重置，原本的个性消失了。悲痛欲绝的夏娃给了瓦力一个告别之吻，却意外地唤醒了它的记忆，恢复了它原有的个性。随着人类和清理机器人不断恢复地球环境，瓦力和夏娃再次团聚，幸福地生活在一起。

　　这部影片被公认为是一部非常好的社会批评电影。例如，美国人每年生产近4亿吨固体废物，但回收不到1/3。这部电影并没有将科学技术妖魔化，只是认为技术应该被用来帮助人类培养自己的本性，技术必须服从于人类的繁荣发展，并帮助人类在顺应自然规律的基础上，更好地改善生产、生活方式。

　　《机器人总动员》虽是一部动画电影，但其阐述的主题却发人深省。影片将故事背景设定在被垃圾填满的地球，歌颂了未来机器人之间的感情，鞭笞了人类无节制的发展对家园造成的毁灭之灾，展望了新科技给幸存的人类带来的希望。在电影中，我们看到了环境污染使人类被迫离开故土去太空流浪，而在流浪途中，也因为人工智能的干预，让人类失去了控制权，演化成了肥

明日的王者 人工智能： 科幻电影中的信息科技

胖、虚弱的物种。难道未来的地球真的会像瓦力所生存的环境一样，除了一望无际的垃圾，就只剩下人工智能可以生存？但是，电影又给我们提供了关于机器人的另一种形象，那就是清理机器人瓦力与侦查机器人夏娃的感情，发人深省。

已故著名物理学家斯蒂芬·霍金对人工智能的快速崛起有着严重的担忧。他警告称，有人可能创造出超级人工智能，它们能够全面超越人类，而且有可能完全取代人类。他认为，"人工智能的崛起对于人类来说，既是好事；也是坏事。生物大脑和计算机之间能达到的成绩不会存在太大的差异。因此，从理论上来说，计算机能够模拟人类的智慧并且实现超越。"霍金曾经提出，技术能够用于消灭疾病，减少和对抗气候变化带来的影响。但是，他也提出，技术也能够用于研发强大的自动武器，或者成为少数人压迫多数人的方式。

霍金教授在去世前两年，也就是2016年时，还说过，"人工智能研发的成功有可能成为我们人类历史上最大的事件，但是，它也可能成为人类文明最后的成就，除非我们能够清楚如何避开风险。最近的标志性技术，比如，自动驾驶汽车和计算机赢得与人类的围棋比赛等，都预示着近未来是什么样子。大量的投资正倾入这项技术中，现在的这些成就当然会让我们猜想到未来数十年的样子。"

也许，距离人工智能技术爆发的时代已经为期不远，未来让人工智能代替我们去探索宇宙，可能是个更好的解决方案。让机器人肩负起传播人类文明的重任，去探索宜居星球，甚至开发无人星球，建立起可供人类生存的环境，然后人类再移民过去，也许比派出载人飞行器更加现实、更加经济。

人类的"银河帝国"也许将会是像瓦力和夏娃这样热爱人类的人工智能为我们建立起来的，那样，人类也许会进化成更高级的宇宙物种，而不会在地球上自我毁灭了。

第17章
《我的机器人女友》：为了爱情穿越时空

【影片信息】

电影名称：我的机器人女友；

原名：僕の彼女はサイボーグ；

出品年份：2008年；

语言：日语；

片长：120分钟；

导演：郭在容；

主演：绫瀬遥、小出惠介。

2007年11月22日，是北村次郎20岁的生日。他在一家购物中心购买生日礼物时，注意到一个穿着奇怪衣服的可爱女孩冲他调皮地微笑，北村次郎被她的美丽深深吸引。后来，神秘女孩跟踪他去了一家餐馆，突然出现在他面前，和他坐在一起，并告诉次郎这天也是她的生日。两人交换生日礼物后，在狂欢游戏中度过了一个刺激的夜晚。当次郎坠入爱河的时候，女孩却突然不知所踪。

一年后，北村次郎在这家餐馆再次庆祝生日，突然之间，那个女孩再次出现在他面前，而实际上这个女孩是一个电子仿生人。原来是未来，次郎在65岁时，派出这个机器人回到过去，让他避免遭受即将到来的厄运。当他们一起过生日的时候，餐厅突然遭遇一名枪手的袭击，她把枪手从窗子扔了出去，挽救了众人。

在次郎的家中，女孩通过三维视频向北村次郎展示了自己的真实身份，未来的老年次郎警告他即将发生一场灾难，并告诉他，那场发生在餐馆的枪击案会使他终身瘫痪，但他侥幸逃过一劫。这是因为，早先购买的奖券中奖让次郎成为富翁，已经衰老的他可以把所有的时间和金钱花费在制造机器人方面，并将其送回过去，来改变自己不走运的人生。

在很短的时间内，女机器人成为次郎的保护者和忠实的朋友，他们分享了一段美好的时光，也挽救了很多人的生命，次郎开始了和机器人女友朝夕相处的奇妙生活。随着时间推移，次

郎爱上了这个机器人。但是，机器人自身没有情感，对此无动于
衷，次郎只能黯然分手。不久，一场特大地震彻底摧毁了东京，
当次郎的公寓楼倒塌的时候，在混乱的局面中，次郎与机器人女
孩意外重逢，改变了他本应死于地震灾害的命运。但遗憾的是，
机器人女孩能源耗尽停止运转。次郎用了61年时间重新制造她，
他最终成功，不久便安然离世。

多年以后，在2133年的东京，一个朋友告诉某位女孩，展览
上的机器人长得跟她一模一样。女孩很好奇，购买了这个机器
人，体验存储在硬盘上的回忆。好奇心让她决定穿越到从前去见
次郎。她就是在2007年11月22日遇见次郎的那个女孩。她这样做
的目的是想在机器人到达之前遇见他，并决定与所爱的男人厮
守，以改变他的命运，开创一个全新的幸福人生。

作为一部带有科幻色彩的爱情电影，本片的拍摄规模大大超过了一般爱情片。影片的拍摄期达3个月，还有大场面的动作戏和大量的计算机动画后期制作。在拍摄过程中，摄制组甚至封锁道路，还在福岛县岩城市搭建了巨大的露天背景以表现地震后的废墟场景。

这部电影的策划始于2003年的"夕张国际冒险电影节①"。当时，本片的韩国导演郭在容与制片人山本又一朗同为电影节的评委，两人在电影节期间有所接触，并在彼此身上发现了许多共同点，志趣相投。后来，郭在容回到韩国后依然与山本又一朗保持联系。直到2007年，郭在容只身来到日本，带领日本的摄制团队和演员打造新片，这才有了脍炙人口的《我的机器人女友》。

然而，《我的机器人女友》毕竟只是科幻美梦，在未来能否实现还要打个问号。几十年来，机器人主要是代替或协助人类完成各种工作，凡是枯燥、危险、有毒、有害的工作，都逐渐由机器人替代人类完成。机器人除了广泛应用于制造业领域外，还应用于资源勘探开发、救灾排险、医疗服务、家庭娱乐、军事和航天等领域。机器人成为工业及非产业界的重要生产和服务性设备，也是先进制造技术领域不可缺少的自动化设备。

近几年开始，娱乐机器人开始崭露头角，获得技术上和商业上的重要突破。娱乐机器人的基本功能主要是使用超级人工智能

---

① 夕张国际冒险电影节，也称夕张奇幻电影节，是以惊悚冒险类题材电影而闻名于世的专业类国际电影节，自1990年开始在日本举办。

（AI）技术、超炫声光技术、可视通话技术、定制效果技术等来实现。AI技术为机器人赋予了独特的个性，通过语音、声光、动作及触碰反应等与人交互；超炫声光技术通过多层LED灯及声音系统，呈现超炫的声光效果；可视通话技术是通过机器人的屏幕、麦克风及扬声器，与异地实现可视通话；而定制效果技术可根据用户的不同需求，为机器人增加不同的应用效果。

电影中，主人公北村次郎爱上了机器人女友，这说明，未来的机器人至少在外形上已经与真正的人类差别不大，并且跨越了机器人的"恐怖谷"阶段。所谓"恐怖谷"，指的是20世纪70年代日本的一位机器人专家认为，随着类人物体，如机器人等拟人程度的增加，人类对它的好感度会出现变化。从完全不像人类的机器人开始，当逼真度不断增加时，人类对机器人的好感度也在增加。但当机器人的相貌和体型达到接近人类模样的时候，人类对机器人的好感度却又突然下降了，这种现象称之为"恐怖谷"。所以，"恐怖谷"一词常用来形容人类对与自身有某种程度相似的机器人的心理排斥反应。很显然，北村次郎遇见的机器人早已不再受"恐怖谷"现象的约束，其与真人无异。

要谈及仿生机器人，不能不提全球的三个超级"网红"机器人，分别是获得沙特公民身份的女机器人索菲亚、日本的仿真美女双子机器人和中国的美女机器人佳佳，这三者代表人工智能领域的一次重大突破。

以日本仿真美女双子机器人为例，这款机器人做工精致，各个细节都感觉能以假乱真，具备的功能也和真人差距很小，不但能和人正常交流，还会表现出人类特有的情绪，可以做出真人所特有的65个面部表情，唱歌、跳舞更是不在话下。这款机器人是按照一位日俄混血女性为标准制作的，她的皮肤是一种特殊的硅胶，与人类皮肤相似度极高；皮肤之下的内部构造特别复杂，基本是按照真人的内部构造而制造出来，可表现出与人类相同的特征，如具有人的情绪、心跳、触觉等。

根据新闻报道，日本崇光百货和西武百货公司计划出售一种用户可自定义的仿真机器人，能够根据用户的需要确定体形、脸型、眼部大小等特征。这种仿真机器人由硅树脂制成，机器人的上半身可以自由活动，由日本著名机器人生产公司可可洛公司(Kokoro)生产，其大小和真人相仿，除了具有脸部表情及上半身动作外，机器人还可以发出声音并录音。

可见，未来机器人也许会成为人类的伴侣。人与人之间交往的利益冲突和复杂性一直困扰着很多人类成员，社交困难其实相当常见。电影的男主角其实就是这样一个孤独的人，平常活得犹如影子般卑微，连生日都没人陪。后来，他遇到未来自己送给现在自己的机器人礼物，这也只是个功能型机器人，虽然外表漂亮，但却没有情感关怀。最终，导演还是再次反转历史，派出一个真正美人来拯救这个孤独的男主角，可见导演还是期望人类能够获得真情实感的幸福的。

第18章

《未来战警》: 人类自我的物理隔绝

【影片信息】

电影名称：未来战警；

原名：*The Surrogates*；

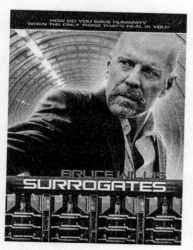

出品年份：2009年；

语言：英语；

片长：89分钟；

导演：乔纳森·莫斯托；

主演：布鲁斯·威利斯、拉妲·米契尔、詹姆斯·克伦威尔、罗莎曼德·派克。

2025年，被广泛使用的"机器代理人"可以让每个人都能安全地生活在家中，而不用外出奔波劳碌。用户只需要将大脑接入网络，就可以通过思维控制来遥控机器代理人，替自己做一切想做的事情。这些机器代理人的外表可以根据客户的要求定制，或是迷人的金发美女，或是体格壮硕的男士。

有了机器代理人的社会，一切都化繁为简，生活看上去似乎更加完美。只是，在这看似完美的生活之下，总会有一些不那么美好的事情发生。在零犯罪率保持了许多年的社会里，突然发生了一起谋杀案，彻底将这个乌托邦社会击碎。联邦调查局特工汤姆和他的助理珍妮弗·彼得斯探查了两名机器代理人在一家俱乐部被摧毁，从而导致使用者丧生的事件。受害者之一贾里德·坎特是"代理人"的发明者莱昂内尔·坎特博士的儿子，也是制造公司VSI的前负责人。汤姆和詹妮弗确定一个叫作思特里·克兰德的人使用了一种新型的武器，来使代理人系统超载并杀死他们的操作者。

汤姆从布伦丹上校处得知，VSI公司最初是与政府合作生产武器。这一武器被设计用于加载病毒，使代理的系统过载，从而导致禁用。出乎意料的是，该武器还使保护操作员的故障安全协议被禁用。测试结束后，该项目被废弃，所有原型都被破坏。汤姆还被告知，联邦调查局高级官员安德鲁·斯通向斯特里·克兰德提供了武器，并根据VSI公司的要求，执行对坎特博士的暗杀行动，因为坎特曾经批评对机器代理人的滥用。实际上，坎特博

士并未死亡，被杀害的其实还是一个机器代理人，这是一个精心策划的阴谋。

汤姆去坎特家，发现他才是策划整件事情的元凶。坎特博士计划将病毒上传给所有的机器代理人，摧毁机器并杀死使用者。坎特向汤姆透露，他的愿景是让残疾人能够过上正常生活，但VSI公司想利用代理人技术换取利益。坎特相信自己的计划是不可阻挡的，他与詹妮弗的替代者断开连接，吞下氰化物药丸，汤姆接管了詹妮弗的代理人，并在网络系统管理员的协助下将病毒隔离，以便操作员能够存活。汤姆最终决定让这种病毒永久停用全球代理人，人们纷纷从家中走出来，失去了代理人帮助的人们感到困惑和害怕，需要一段时间适应社会。汤姆回到家中，以真实的身体与妻子热情拥抱。

　　2007年3月，华特·迪士尼电影公司收购了罗伯特·范蒂迪和布雷特·维尔德利创作于2005~2006年的同名漫画系列，这也是本电影的滥觞。这部电影最初的故事情节讲述的是，一个与大学生被神秘谋杀有关的案件。该名大学生与帮助创造高科技代理技术的人有关，人们购买遥控机器人作为自己的替身，通过这种机器人与社会互动，用这些更加有吸引力的遥控机器人承担本应他们在社会中扮演的角色。电影改编时，剧情有了大幅度的修改，逐渐变成一个内容更加新颖的科幻故事。

　　代理机器人是片中的重要设定，这是一种全新的电子装置，为用户提供一种足不出户就能体验更舒适、更安全的生活方式。整个故事中，代理机器人代表着最终的自由，让人类从此不再日常生活中受到身体上的伤害和精神层面的消耗，只要简单地插上电源，就可以获得最大程度的"快乐"。但对有些人来说，使用代理机器人看起来却像是在主动放弃人性的本质，那是一个与真实的肢体接触越来越少的世界，与爱有关的概念都已失去了最初的意义，这就是影片主创人员所要表达的内涵。

爱上一个从未见过的异性，在过去可能出现在神话或童话故事中，很难想象一个人会爱上一个从没见过，甚至连相貌都不清楚的人。但进入互联网时代，这种现象却成为现实，很多情侣是从"网友"变成情侣，甚至走进婚姻的殿堂。人类社会的交往方式发生了翻天覆地的变化，人和人之间的现实接触可以越来越少，而精神层面的交流变得更加频繁和迅速。

互联网通过先进技术手段，以资源共享为原则，让人们的交流变得高效顺畅，即使远隔千里也仿佛近在咫尺。自互联网技术诞生之日起，就因为"前无古人"的便捷性而倍受青睐，进而迅猛发展起来，如今互联网技术彻底改变了我们的生活方式，电子邮件、手机通信、移动支付、共享经济等，使人类的生活变得丰富多彩、方便快捷。但是，如何正确认识互联网对人际交往的影响，却具有重大的现实意义，也将影响未来人类发展的进程。

互联网虚拟人际交往使我们的交往空间扩大。在传统的交往模式下，个体的人际交往往局限于实际生活中狭小的生活圈子，而网络社会中的人们却可以突破地域空间的限制，甚至让整个地球变成一个小小的"村落"，某种程度上实现了"朋友遍天下"的梦想。互联网不仅缩短了空间上的距离，也缩短了人们在心理上的距离。

然而，毫无限制的网络交流同时拉大了现实中人与人的距离。互联网的出现让人类仿佛进入"平行宇宙"，在这个数字宇宙中，丰富多彩的海量信息全面触动人的感官，让人的思维处于前所未有的高速运转状态，但由于互联网紧紧地把人吸引在屏幕前，"上网"代替了现实中的出行，从而影响了人类的工作和生活方式，让人们很少主动与他人实际交流，不愿或没时间与身边的人直接对话、沟通，从而冷落身边人，产生疏离感。

交流是人的一种本能，其重要目的就是情感的表达。但互联网信息交往的快捷性反而让现实中人与人之间的交往减少，虚拟世界的无序所引发的新的犯罪手段正在增加，网民的盲目性也引发了诸多社会问题，给人们交往带来了负面影响，如何提供一个友好、安全的网络环境是人类面临的一个重大问题。

《未来战警》将这个社会问题进行细致化的叙述，描述了未来技术完全取代人类之间的实际交往从而引发的各种问题。人和人之间通过机器代理人相互接触，而人类自身蜗居到电脑界面之后，成为"屏幕人"。其实，这样的危害性远远不是发生恐怖事件这么简单，而是有可能导致人类社会的整体性退化，危机意识和竞争力逐渐丧失……

第19章
《夏日大作战》: 现实与网络世界的互联

【影片信息】

电影名称: 夏日大作战;

原名: サマーウォーズ;

出品年份: 2009年;

语言: 日语;

片长: 115分钟;

导演: 细田守;

声演: 神木隆之介、樱庭奈奈美、
富司纯子、谷村美月。

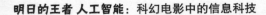

　　小矶健二是个性格内向、学理科的男生，暑假期间被自己仰慕的学姐筱原夏希以奇怪的理由带去她的家乡——长野县上田市。在回乡的路上，健二与夏希相继遇到了家族其他成员，他们都是回家乡为祖母祝寿的。一天夜里，健二收到一封可疑的数学智力竞赛邮件，忍不住好奇便通宵将其解答，但却不知道这即将引起一场大灾难。

　　第二天早晨，广播中竟然出现了健二被通缉的新闻。原来昨晚他的解题行为竟然是为犯罪分子破解了"OZ"虚拟网络的安全系统。整个"OZ世界"变成了格斗的"舞台"，也就是说，这个虚拟世界控制了无数的账户，并且开始向现实社会展开攻击。影片中的"OZ世界"等同虚构的3D网络社区，每个用户拥有唯一的个性化视觉形象和身份认证，基于人工智能的电脑程序便可通过控制身份信息及其相关的数据与指令来影响世界。

　　经过一番研究，健二终于知道原来网络世界正在被邪恶的AI病毒破坏，而这个病毒在网络世界的替身正是自己先前的账号，因此才会遭到社会通缉。此时，健二的朋友池沢佳主马出马，他操纵着自己的虚拟角色对病毒进行打击。虽然反击失败了，但现实的情况并不像想象中的那么悲观，因为另有高手出手了，让大家惊叹不已，这就是阵内荣奶奶。

　　AI病毒注意到阵内荣奶奶的行为对其造成威胁，就在阵内荣奶奶的数据设备上做手脚，让主治医生不能准确得知老奶奶生理数据的异常信息，结果导致老人因救治不及时而去世。

这一挫折没有打垮阵内家族，大家决心与AI"恶魔"来一场最后的战斗。出乎意料的是，他们竟然相继得到了难以置信的超级设备。比如，能够拥有每秒200万亿运算能力的超级计算机，能够提供300千瓦功率的发电船，以及能够提供超高速通信网络的军用毫米波通信模块……在这些尖端设备加持下，佳主马在对战中就获得了绝对优势，经过一番努力之后，成功地将AI病毒引入陷阱。

可就在准备摧毁病毒的时候，超级计算机出现故障。"满血复活"的AI病毒竟然打起了宇宙卫星的主意，它通过对网络数据控制，准备打击核电站以破坏地球生态系统。就在众人皆感绝望之际，女主角夏希联络上拥有分解AI病毒数据方法的舅舅，便又用自己的虚拟账号向AI病毒发起战斗邀约，最终一鼓作气，在赛场上将AI病毒完全歼灭。

然而，失控的宇宙卫星依旧下坠，形势万分危急。此时，小矶健二通过对系统核心外墙的数据进行解密，一次又一次地打开了数据控制层的大门。但无论健二解密多少次，AI病毒总能轻易地将控制层再进行加锁，并将密码改换。

而健二在关键时刻通过自己的心算能力解开了密码，成功地让即将坠毁的宇宙卫星改变了轨迹，拯救了所有人。作为主角的健二，最终与女主角夏希走到了一起，并得到其家族成员的殷切祝福。

《夏日大作战》包含许多非常熟悉的流行元素，电影从一个

天真且害羞的年轻人的故事开始，以极为新鲜的方式将当代元素
与令人眩目的想象交融在一起。影片通过虚拟世界与数位生活的
差异，来评论现代社会的运作模式。动画中出现的壮观场景、令
人目眩神迷的视觉动作及不受限制的耀眼创意，让这部以科幻为

题材的动画看起来完全不幼稚、不沉闷。

　　对虚拟网络世界的奇想，成为《夏日大作战》引人入胜的卖点，让我们感受到动画电影中令人耳目一新的日式风格。就剧情来看，它借鉴了《黑客帝国》的模式，但不同的是，这部电影并没有多少惊险刺激的场景，也没有深刻的哲理让观众看得似懂非懂。导演细田守对情感细致入微的把控，使其对爱情、亲情、友情元素的结合可谓完美，使得《夏日大作战》既能让人觉得热血沸腾，也能被电影中的温情而感动，让人不经意间就会爱上这个虚幻却热血燃情的夏日。

　　这部电影在2009年公映，当时我们大多数人还未使用智能手机，也没有如今发达的移动互联网络，智能机器人和物联网还只停留在概念层面。所以，这部电影对网络时代的预言具有强大的前瞻性和大胆的想象力。试想，我们在2009年的时候，对移动互联网的想象是什么样的呢？比起这部电影是不是还有很大的差距？

　　未来的世界会与现在不同，人类只有不断适应、改变自己，才有可能顺利发展下去，因循守旧只能自毁"前途"。电影《夏日大作战》上映于2009年，如今无处不在的物联网在当时还处于技术萌发之中，而近年来，物联网通过移动互联技术不断发展，爆发出惊人的影响力，展示了雄厚的技术实力和应用前景。

　　比尔·盖茨在1995年出版的《未来之路》一书中提及物联网，但受当时的传感器、无线网络及其他硬件条件限制，物联网也只是作为一个模糊的概念而存在，并未引起更多重视。而"物联网"这一名词正式诞生于1999年，由美国麻省理工学院的自动识别中心当时的负责人凯文·阿什顿提出。

　　阿什顿认为，互联网所依托和处理的是人类各种以字节形式存在的信息，而"物"才是与人类生活最相关的东西，物联网的意义就在于借助互联网和各类数据采集手段收集各种"物"的信息，以服务于人类。因此，物联网被定义为"把所有物品通过射频识别设备、传感器等信息识别装置，将其蕴涵的数据共享至互联网，实现智能识别和管理等行业应用的一种网络。"

　　2005年，国际电信联盟在突尼斯举行的"信息社会世界峰会"中，正式为"物联网"正名，这相当于获得了官方支持。这次大会指出，物联网时代即将到来，同时描述了物联网的特征、传感技术、智能化技术、纳米技术和小型化技术等物联网关键应用技术，以及物联网产业面临的挑战和未来的市场机遇，并展示了未来高度发达的物联网技术服务于人类生活的美好图景。

2011年的5月，我国工业和信息化部电信研究院发布了《物联网白皮书》，对物联网的内涵给出了如下阐述：物联网是通信网和互联网的拓展应用和网络延伸，它利用感知技术与智能装置，对物理世界进行感知识别，通过网络传输互联、计算、处理和知识挖掘，实现人与物、物与物之间的信息交互和无缝链接，达到对物理世界实时控制、精确管理和科学决策的目的。

顾名思义，物联网就是"物物相连的互联网"，其核心和基础仍然是互联网，但它的用户末端延伸到了物与物之间，对互联网的应用进行了极大地扩展。物联网和普通互联网相比具有很多特点：其一，物联网集合应用了各种感知技术，物联网的数据采集端就是各种类型的传感器，每个传感器作为一个信息源，不仅包含所属物体的基本信息，还可以实时地采集物体自身及周围环境的动态信息，并不断更新数据。不同类别的传感器所采集的信息内容和格式不同，这就决定了物联网的全面发展不仅需要部署大量的各类传感器，更需要处理大量的、格式多样的数据。

其二，物联网是一种泛在网络，它依托互联网而建立，并对互联网进行了极大拓展，其影响触及所有物品。物联网的基础和核心仍然是互联网，但又需要有线和无线网络与互联网融合，进而建立信息传送网络通道，及时准确地将传感器收集到的信息传递出去，从一定程度上来看，现有互联网只是物联网的一个组成部分。

其三，物联网需要具有智能处理的能力，能实现对物体智能控制和对事件实时准确处理。物联网的感知层收集海量数据，需要强大的智能处理能力对其进行分析，处理得出有意义的信息，以满足行业需求并进一步实现相应的智能控制。

2009年的电影《夏日大作战》为我们畅想了未来互联网的惊人应用前景，如今十年过去了，电影里设想的很多新奇事物已经变成了现实，并为我们的生活提供着无微不至的服务。

第20章

《创：战纪》: 在VR世界与敌人战斗

【影片信息】

电影名称：创：战纪；

原名：*TRON: Legacy*；

出品年份：2010年；

语言：英语；

片长：125分钟；

导演：约瑟夫·科金斯基；

主演：加莱特·赫德兰、奥利维亚·王尔

德、杰夫·布里奇斯、迈克尔·辛。

1989年，是《电子世界争霸战》中的事件发生7年后，刚刚被提升为盈康公司首席执行官的凯文·弗林消失了。20年后，他的儿子山姆成为该公司的主要股东，但他对管理公司几乎没有兴趣。

因为恶作剧被警方拘留之后，山姆接受盈康公司主管和弗林的老朋友艾伦·布拉德利的请求，调查一个来自被弗林关闭的视频拱廊中奇怪的寻呼消息。山姆在隐蔽的地下室发现一台大型计算机，这台计算机突然将他电子化并传送到网络上。这是由弗林创建的虚拟现实，存在于盈康公司的计算机主机内。他很快被抓获并被送到"游戏空间"，在那里被迫与名为林兹勒的蒙面选手格斗。当山姆受伤流血时，林兹勒意识到山姆是一个人类"用户"，并将他带到克鲁面前，克鲁则是虚拟现实中的腐败的裁判官。克鲁在"轻环"比赛中差一点杀死了山姆，但山姆被弗林的"学徒"葵拉救出，后者将他带到其父在克鲁领地之外的藏身处。

弗林向山姆透露说，他一直在努力创造一个"完美"的计算机系统，并且"任命"了克鲁和特龙（Tron，布拉德利创建的一个安全计划）为共同创造者。在建设过程中，他们发现了一种自然发生的"同构算法（ISO）"，有可能解决科学、宗教和医学方面的各种谜团。但是，克鲁出现了变异，出卖弗林并杀死特龙，摧毁了ISO，同时关闭了在两个世界（现实与虚拟现实）之间穿行的"门户"，弗林被困在系统中。

在完全控制局面后，克鲁将消息发送给阿兰，以便引诱山姆进入电子网络，并在有限的时间内重新打开"门户"。因为弗林的"身份盘"是掌握网络虚拟世界和穿越门户的唯一方式，克鲁希望山姆将弗林带到"门户"，这样他就可以获取弗林的光盘，自己离开"门户"，并将"完美的想法"强加于人类世界。

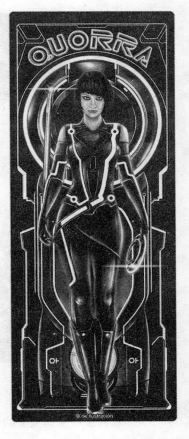

根据父亲的意愿，山姆回到克鲁的领地，在葵拉（弗林的学徒）的指点下找到了祖斯——一个能够提供安全通道的程序。在战斗中，弗林拯救了儿子山姆，但葵拉受伤了。祖斯获得了弗林的光盘，试图与克鲁讨价还价，但克鲁拿到这张光盘后，与祖斯一起破坏了系统。

山姆和弗林乘坐的交通工具被克鲁的飞舰拦截，作为交换，葵拉主动被对方作为人质。山姆收回弗林的光盘并拯救了葵拉，而弗林在驾驶舱内控制了一架轻型战斗机与克鲁等人展开战斗。弗林与他的数字副本重新整合，一起摧毁克鲁才最终获得胜利。

葵拉给弗林送去了山姆的光盘，让他们一起逃回现实世界，山姆发现正在外面等待的布拉德利，并告诉他自己计划，准备重新控制盈康公司，并任命布拉德利为董事会主席。影片的最后，山姆和葵拉驾驶着摩托车离开，葵拉也在人类世界第一次目睹了

真正的日出。

《创：战纪》作为1982年《电子世界争霸战》的续篇，设想了一种可将人电子化的设备，通过特殊的出入口，衔接电子网络世界和现实世界。如果将这部电影与2018年上映的《头号玩家》做一个比较，就会发现，两者在主题构思上差别并不大，都是在无穷无极的网络世界展开正邪大战。但是，《头号玩家》是通过VR技术进入虚拟世界，通过打通各级关卡，来获取升级的机会，真实世界的玩家并没有受到太大的影响。而《创：战纪》与《头号玩家》的不同之处在于，电影中设想的设备能将人电子化后进入网络世界，并且还能从电子化的状态还原成现实状态。这个构思很新奇，看上去也很"离经叛道"，但要想实现基本没有可能。世界上不存在一种将人电子化还能还原的设备，所以，与其纠结于《创：战纪》中不能实现的技术，不如探讨一下VR设备在未来的应用。如果我们将《创：战纪》展示的网络世界当成VR世界，一切就都说得通了。

VR，其实就是Virtual Reality（虚拟现实）的缩写，是仿真技术的一个重要研究方向。VR技术是将仿真技术与计算机图形学、人机接口技术、多媒体技术、传感技术、网络技术等集合在一起的交叉科学。这门学科从萌芽到如今，也经过了半个世纪的发展历程。那么，经过这么长时间的技术积淀，VR技术应用前景如何？还存在哪些需要解决的棘手难题呢？

有专业人士分析，VR要想真正走入生活、获得市场的认可，还需要闯过五大关口。

第一关，设备关。现在还处于VR发展的初期，主流设计大同小异、原理近似，但VR的设计和种类还是比较多样化的。现在市场上有很多种产品，包括简易VR、带屏幕VR和VR一体机等，甚至还有MR①设备。简易VR只有镜片和头盔的简化系统，甚至并不主要考虑舒适性。带屏幕VR则技术含量更高，主流的VR都采用这种设计，但主机需要单独购买，价格较贵、内容较少。还有一种是VR一体机，实际上可以看作是把一台没有屏幕的简易手机和带屏幕的VR设备组合在一起，这种产品更贵一些，也更便捷，但性能不足，体验依然不是特别好。

即便是主流VR产品也还存在着硬件不成熟的情况，如连接线不方便、身体运动的时候对空间的要求高、续航时间短等。总

---

① MR：混合现实，将虚拟世界和现实世界结合在一起，在现实中触碰的真实物体，数字化后，将变成头戴式显示设备中完全不同的物体。

之，VR技术发展还面临很多麻烦，不能解决就没有更好的体验。

第二关，眩晕关。VR技术面临的根本问题在于使用者的脑神经和身体做出不匹配的反应会导致眩晕，严重的人使用VR几分钟后便会出现头晕、恶心等不良反应，这虽然不影响健康，但却破坏了VR产品的体验感。有的厂商甚至使用轻微电流或口服药物的方式来解决晕动症的问题，可惜"治标不治本"，不能完全解决问题。

第三关，价格关。目前，市面上已知的VR设备大多存在价格较高的情况，前期开发的费用和初期宣传费用的确很高，但有些简易VR产品也价格不菲。

第四关，操作关。现有的VR产品主要有三种输入方式，分别是通过头盔内置的陀螺仪、手柄和体感装置。这三种方式输入需要使用者身体高度协调，长时间使用容易让人产生不适的身体反应，而且也更容易劳累。

第五关，内容关。其实影响VR技术发展最大的问题就是内容，无论是游戏、视频或其他应用，优良内容都是VR赖以生存的基础，虽然现在有越来越多的公司为VR提供内容服务，但主要限于简单的视频、电影等，这些内容趣味性尚显不足，也许一开始VR产品能够让人有身临其境之感，但时间太长就会产生审美疲劳。

即便这些技术难题全部得到解决，在可预见的未来，VR还是达不到电影中所描述的程度，无法实现完全的浸入式体验，更做

不到全感官的虚拟现实，尤其是触觉、嗅觉、味觉的体验，目前
还没有任何技术方案可以解决这些问题。也许，随着技术的不断
升级，科研人员会发明一种更加有效的技术，让VR体验与现实世
界无异。

第21章

《源代码》: 现实世界到底有几重

【影片信息】

电影名称：源代码；

原名：*Source Code*；

出品年份：2011年；

语言：英语；

片长：94分钟；

导演：邓肯·琼斯；

主演：杰克·吉伦哈尔、维拉·法米加、
米歇尔·莫娜汉。

　　某日，当美国陆军上尉飞行员科尔特·史蒂文斯醒来时，发现自己正在一辆前往芝加哥的火车上。他对周遭环境甚至自己是谁都毫无头绪，所记得的最后一件事情是自己正在伊拉克执行任务。但是，现在他似乎却过着别人的人生。对面坐着的克里斯蒂娜似乎对他很熟悉，但她所认识的那个人却不是史蒂文斯，而是另一个人。史蒂文斯试图解释自己的身份但毫不奏效。就在他试图找出真相之时，一辆列车从对面飞快行驶过来，与他们乘坐的列车相撞，引发了大爆炸，所有人都丧生了。

　　史蒂文斯在昏暗的驾驶舱内恢复了意识。此时，一位名叫卡罗尔·古德温的指挥官向他解释了这一令人费解的事件的原因。原来，史蒂文斯应叫作科尔特，已在一周前去世，他残存的意识正在参与一项"脑波源代码"的秘密任务，这项任务通过科尔特尚未完全死亡的脑细胞影像来还原事件，调查事情的真相。这项特殊的任务，隶属于一个名叫做"源代码"的政府实验项目——利用一套仪器，科尔特可以反复"穿越"进入一位在这起列车爆炸中遇难的死者身体里，但每次只能回到距离爆炸前8分钟的时间里。制造这起爆炸的凶手宣称将于6小时后在芝加哥市中心制造下一次更大规模的恐怖事件。为了阻止上百万人丧生，史蒂文斯不得不争分夺秒，在"源代码"中一次次"穿越"以收集线索，在爆炸前的最后"8分钟"里寻找元凶。

　　当史蒂文斯快要查出爆炸的真相与经过时，他发现就在一次次与克莉斯蒂娜短短的八分钟相遇、互动后，竟对她心生怜惜，而且他获悉愈多的线索，愈确信自己能够阻止这个致命的爆炸事件的发生。就在最后一次透过"穿越"重返爆炸前的现场时，他做了一个大胆的决定——不只要找出真凶，还要救克里斯蒂娜一命。

经过一次又一次地执行源代码任务，在现实世界与平行空间中穿梭了若干次之后，史蒂文斯逐渐明白，这个体系不仅是幻觉而已。在他看来，"世界因人而存在，世界的真实性是相对的，一个人处于哪一个平行空间，则那个平行空间对他而言便是真实世界"。

史蒂文斯被送回到源代码状态，终于找到了爆炸原因，调查出真相，他的任务完成了，但那一列车无辜的人，其生命已经无法挽回。任务结束后，他提出让自己再次进入平行空间，这次，他要求8分钟后让现实中的自己真正死亡，而他则永远留在那个空间中，借由另一个人的躯体与克里斯蒂娜共同生活下去。在最后一次穿越中，古德温打开藏有史蒂文斯身体的密封室，断开了生命维持设备。

但在另一个世界，史蒂文斯意识到时间线已经成为现实，便发送电子邮件告诉古德温他们改变了历史，最终这位拯救百万民众的无名英雄与克里斯蒂娜幸福地生活在一起。

导演邓肯·琼斯凭借科幻首作《月球》声名鹊起后，被制片商选中成为《源代码》的导演，得到的不仅是前作几倍的预算和摄制设备，更获得强大幕后班底的加盟支持，包括电影《2012》《后天》的制片人马克·戈登、《异种》第三部的编剧本·雷普利、

《阿甘正传》的摄影师唐·博格斯及《谍中谍》的剪辑师保罗·赫希的倾力支持。

电影《源代码》类似于邓肯·琼斯的前作《月球》，都以创意取胜，以真正的创造力和想象力征服观众。他的电影内涵已经上升到生物伦理学的高度，而且无一不是个体凭一己之力对抗命运，企图冲破生命的谎言和束缚。观众可以清楚地感受到一种锐利的导演风格和独特的激情，正如摇滚歌手在舞台上用嘶吼来宣泄对生命的迷惘和拷问。

本片编剧本·雷普利以"穿越"作为主题，主要叙述元素被放置在炸弹制造悬念的层面上，并且使用无穷无尽的谜题为主角制造难题，同时又仔细设置线索来测试观众的观影细致程度。在激烈张扬的故事情节中，爱情元素成为这部电影很好的"情绪调节器"。

  我们欣赏这部构思独特的影片时，总会被主人公一次又一次被杀和生命重启感到震惊与同情，震惊于追凶措施的非同寻常，同情这个美军飞行员即使在死后还要承担本不属于自己的任务，用"英雄"这个词已经不足以诠释主角的伟大与牺牲精神。经历了反复"穿越"之后，科尔特终于找到了爆炸案的凶手，协助警方将其绳之以法，而他自己也在虚拟世界里拯救了整列火车的乘客，当然，还有他爱上的那个女人。让人欣慰的是，电影中他所享受幸福生活的那个世界，将不再是虚幻的，而是变成了另一个现实，是与我们生活的世界平行存在的世界。

  影片的主题依旧体现了个人英雄主义色彩，但其故事的内核则采用了神秘莫测的"平行世界"理论。而关于平行世界的科幻电影汗牛充栋，《源代码》只是其中之一，另一部比较有影响力的同类型影片则是李连杰主演的好莱坞电影《救世主》。那么，"平行世界"这个概念从何而来？这种大胆设想到底有多少科学依据？

这确实有科学依据，其中涉及20世纪初期量子力学领域的一场辩论：上帝真的会掷骰子吗？问出这句话的人就是著名的物理学泰斗爱因斯坦。

谈及"平行世界"的概念起源，离不开"光"这种特殊的物质，而光具有波粒二象性，也就是指光既是粒子，也是一种波，这种"诡异"的性质难倒了一大批科学家，他们对光的这种性质提出了很多解答，其中最具权威的就是以物理学家玻尔为首的"哥本哈根解释"。他们认为，光是一种概率波，在衍射明条纹上发现光粒子的概率大，在衍射暗条纹上发现光粒子的概率小。这种解释暗含着一种假设，那就是自然法则中存在着一种根本的随机性。爱因斯坦对"哥本哈根解释"不认可，说出一句名言："我不相信上帝会掷骰子。"

除了爱因斯坦反对这种解释之外，量子力学的先驱之一薛定谔则提出了"薛定谔的猫"的实验来反驳哥本哈根学派。"薛定谔的猫"也被称为"薛定谔佯谬"。这个实验假设为：在一个密封的盒子里装着一只猫，通过放射物的衰变来释放毒气将猫毒死，猫的死活完全取决于外面的观察者，在打开盒子的一瞬间，放射物或衰变释放毒气，或不释放，意味着猫或活着，或被毒死，两者必居其一。哥本哈根学派认为，密封的放射物的衰变可以用波函数来描述，在没有外界干扰之前，放射物处于衰变或不衰变的叠加态，而猫也处于半死半活的叠加态，一旦外面的观察者介入，叠加态塌缩变成确定态，此时猫的死活就成了唯一的一种现实。哥本哈根学派的解释因为有玻尔坐镇，很难被撼动，即使这种解释违反了薛定谔方程，但人们还找不出另一种更好地解释替代它。之后，"平行世界"理论"登场"了。

　　1957年，美国物理学家埃弗雷特提出了"多世界诠释"的假说，很好地解决了"哥本哈根解释"所存在的问题。这种"多世界诠释"俗称"平行宇宙"假说。按照埃弗雷特对"薛定谔佯谬"的解释应该是这样的：在波函数的叠加态没有塌缩之前，对于外界的观察者而言，每一个态都是一个备选的平行世界。也就是说，密封的盒子里有一只猫，处于半死半活的叠加态，当外面观察者查看的一瞬间，处于叠加态的猫分裂成两个平行世界，一个世界里的猫是死的，另一个世界里的猫是活的，对处于不同世界的观察者而言，他看到活着的猫，或者看到死去的猫，两者必居其一，完全是一种确定态。"平行世界"假说虽然看起来违反直觉和经验，但提出者埃弗雷特确实经过了严格的数学论证，是基于数学方程和量子力学最朴实的、自洽的、符合逻辑的结果。"平行世界"理论同时也受科幻小说家的欢迎，看起来也最接近科幻小说的设定，但这似乎也是货真价实的科学理论。

第22章

《铁甲钢拳》: 机器人格斗更精彩

【影片信息】

电影名称：铁甲钢拳；

原名：*Real Steel*；

出品年份：2011年；

语言：英语；

片长：127分钟；

导演：肖恩·利维；

主演：休·杰克曼、达科塔·高尤、
伊万杰琳·莉莉、安东尼·麦凯。

2020年，拳击运动已经被高科技的机器人互搏取代，人类不必亲自上场比赛，而是操纵机器人在赛场上替他们厮杀。休·杰克曼扮演的查理·肯顿在一场机器人拳击赛中被击败，因为输了比赛，所以查理的生活变得穷困潦倒。不过在此之前，查理可是世界上大名鼎鼎、位列第二的拳击运动员。

    比赛结束后，查理得知前女友去世，他必须出席一场听证会，决定他与前女友共同的儿子的未来。这个11岁的孩子名叫麦克斯，查理以前忙于拳击事业从来没有好好照顾过他。现在，他丢掉了名誉头衔，变得一无所有，反而有了更多的时间和儿子相处。不服输的儿子鼓动查理去废弃机器人的仓库寻找零件来组装机器人参加比赛。在寻找零件过程中，他们意外发现了亚当——

一个过时但完好的陪练机器人。亚当擅长抵御严重的伤害，还能够把对手的动作数据存储起来。

麦克斯将亚当带回去，查理的朋友贝莉帮助他修好了亚当，却发现这个机器人毫无战斗力，却可以模仿眼前人的动作。麦克斯希望让亚当参加拳赛，但查理认为这只是个陪练机器人。查理去了拳赛中心想借钱复赛却无果，他打听到在动物园有比赛，而后在麦克斯的强烈要求下，查理带着麦克斯让亚当参加了一场拳赛。比赛中，麦克斯操作机器人，发现亚当能很敏锐地预知对手动作。随着比赛进行，麦克斯渐渐熟悉了机器人的操作技巧，发现对手的拳路，最终打败了对方的控制系统而赢得比赛。这场胜利让查理很高兴，更加坚定了让亚当参加拳击比赛的决心。

麦克斯回去后便改装亚当，让它拥有语音识别系统，并教授亚当拳击技巧。亚当非常聪明，能够惟妙惟肖地模仿出查理的所有动作，因此成为"常胜将军"，变成世界知名的机器人拳击手。但是，亚当想要证明自己的实力还有几场恶战在等着它，而查理也需要亚当的胜利来证明自己的价值和存在的意义。各种原因叠加，麦克斯便提出公开挑战世界第一战斗机器人——宙斯。

亚当在对决宙斯时又一次展现了他耐打的特性，第四回合快结束时，亚当的语音识别系统出现故障，查理决定使用亚当的模仿功能。在第五回合，宙斯因为电力不足，被亚当完全压制住，但在亚当即将给宙斯最后一击时，比赛结束的铃声响了。亚当的总分数略低于宙斯而输掉了比赛，但它的精彩表现已深深震撼了所有人，人们送给亚当一个称号——"大家的冠军"。在这些比赛中，查理收获的不仅是胜利和名誉，更重要的是，他和已经疏于联系的儿子麦克斯重新建立起坚不可摧的亲情。

《铁甲钢拳》中使用大量前沿科技，借鉴了导演詹姆斯·卡梅隆在《阿凡达》中使用的技术。除了使用传统技术——拍摄好真人镜头，再由电脑添加进机器人形象之外，还大量使用了动作捕捉技术，拍摄了不少真实的拳击手加洛德·华伦与舒格·雷·伦纳德互相搏击的镜头，记录下他们身体移动与出击的数据，将其数字化，再存储起来。在真实场景拍摄时，把这些程序化的动作捕捉数据释放出来，并使用特定程序把数据转化成真实的图像。

《铁甲钢拳》这部电影很特殊，特殊之处在哪里呢？那就是这部电影是一部"励志+科幻+亲情"的"嫁接体"。励志贯穿始终，亲情慢慢凝聚，而科幻成为背景和点缀。不过这种背景和点缀让电影完全不同于其他的以现实为基础的同类题材，甚至远远超越了它们。电影的科幻背景设置也比较讨巧，没有让机器人完全脱离人的控制，更没有发生机器人产生自主意识进而违反阿西莫夫"机器人三定律"向人类宣战的情况。编剧和导演将故事设置到十几年后的未来，机器人还属于弱人工智能，能替代人类做一些事情。这样，故事的主角依旧是人类，机器人是配角，即使在擂台上两个钢铁"巨人"激战，让观众鼓掌叫好，可我们没有忘记，在机器人背后还有两个主人公的精彩表演。

虽然《铁甲钢拳》描绘的是近未来的机器格斗，然而在现实中，这并非是一个新鲜事物，机器格斗早就存在，时间可以追溯到1994年8月，当时在美国旧金山成功举办的"机器人大擂台"比赛，经过英国广播公司（BBC）转播，该节目逐渐火爆。直到2015年，美国广播公司（ABC）复播了一个机器人格斗节目，使机器人格斗比赛以全新的面貌重回大众视野。由此可见，机器人格斗类的节目在国外发展已久。2018年，一些网络平台看准时机，相继推出了机器人格斗类节目，如《铁甲雄心》《机器人争霸赛》《这就是铁甲》等。

2017年10月18日，美国公司MegaBots带着它的巨型机器人来到一座废弃钢厂与日本水道桥重工的Kuratas展开厮杀。一场两年前的"约架"，终于有了结果，通过3轮激烈的较量之后，美国队以一负两胜的成绩拿下最终胜利，成为"机器之王"。Megabots公司的机器人型号高4.6米，重6.8吨，内置汽油发动机，由履带驱动。这个机器人可载两人，一人负责驾驶，一人负责射击；机器人手臂上安装有一门气动加农炮^①，可发射1.36公斤的油漆弹，初速可达193千米/小时。

而日本的Kuratas机器人由东京水道桥重工研发生产，高3.8米，重约4吨，靠柴油驱动，运行速度为10千米/小时。Kuratas身上有30个液压关节，可载一人，搭配独家研发的机器人作业系统V-Sido；机器人的武器系统可选配机关枪、火箭发射器和盾牌；瞄准系统可以自动锁定目标，提高射击精度；驾驶员可通过触摸屏完成对机器人的大部分操作。最值得称道的是，Kuratas还有一部运动追踪系统，能追踪驾驶员的头部和身体移动情况，让机器人与驾驶员的步调保持一致。

随着人工智能的快速发展，机器人行业迅速崛起，除了娱乐功能之外，还有更多用途。机器人正逐渐帮助人们解决各种问题，未来的机器人市场注定会广受欢迎。

可以说，机器人娱乐业已从电影中的虚构剧情，逐渐变成现实，机器人格斗也走下银幕，走上拳台。从之前的报道可以得知，这场世纪之战其实是 Megabots 公司计划的一环。Megabots公司希望借助这次对决，开创"机甲搏击俱乐部"的新型娱乐项目，该公司对这个项目期望很高，如果商业化运营顺利，"机甲搏击俱乐部"可能与终极格斗锦标赛和世界一级方程式锦标赛一

---

① 加农炮是指炮管较长、发射仰角较小、弹道低平、可直瞄射击，炮弹膛口速度高的火炮，常用于前敌部队的攻坚战中。

样受到人们关注。

　　不过，目前的机器人尽管在力量上已经超越人类，但在技巧、灵活性和持久性上，其实和人还相差甚远。就像这次美日机器人大战，对战中的机器人看起来不仅动作慢，而且还有点笨拙，枪弹装备似乎也没有存在的意义，而且必须借助超级多的剪辑来重复某些动作，导致有些地方看起来就像在"演戏"。

　　机器人在21世纪20年代之前，恐怕的确像电影中表现的那样，还需要多和人类"学"些经验和智慧，并不断完善自己。随着机器人时代的来到，未来将有更多丰富多彩的机器人出现，世界因为它们存在，而可能变得更加精彩。

第23章

《机器人与弗兰克》：人工智能遭遇

老龄社会

【影片信息】

电影名称：机器人与弗兰克；

原名：*Robot and Frank*；

出品年份：2012年；

语言：英语；

片长：89分钟

导演：杰克·施莱尔；

主演：弗兰克·兰格拉、
彼得·萨斯加德、詹姆
斯·麦斯登、丽芙·泰勒。

　　未来社会，一个名叫弗兰克·韦尔德的老先生独自生活，他曾是一个小偷，但如今精神衰退和老年痴呆症日益严重困扰着他。弗兰克的儿子亨特是一名律师，厌倦了每周去父亲家，但又不愿把父亲送到养老院，所以购买了一个机器人伴侣——彼得·萨斯加德，旨在为弗兰克提供治疗和看护服务。

　　最初，机器人出现在弗兰克的生活中时，老人热衷于和他这个新伙伴待在一起，但他后来意识到，机器人没有通过编程来区分合法的娱乐活动和犯罪活动，可以帮助他重操旧业。为了赢得当地图书管理员詹妮弗的注意，他们俩一起策划了一次抢劫，从图书馆里偷走了一本古籍——《堂吉诃德》善本①。

　　与此同时，在土库曼斯坦进行慈善之旅的弗兰克的女儿麦迪逊知道了机器人这件事，回来说服她的父亲摆脱机器人。她认为这种机器人在伦理上令人反感，可弗兰克坚持要保留机器人。他们最后一次抢劫，打算从图书馆改造项目负责人、年轻的开发者杰克那里窃取宝石。警方开始质疑和监视弗兰克。为了维持自己的无辜形象，弗兰克假装死亡，以便儿子亨特回来看望他。为了掩盖自己的踪迹，弗兰克正面临着是否要抹去机器人记忆的决定，而他自己的记忆力正在迅速衰退。

　　弗兰克前往图书馆，发现詹妮弗其实是他的前妻，只是他忘记了。回到家，机器人说服他擦掉它的全部记忆，它认为自己不

---

① 善本原指校勘严密、刻印精美的古籍，后含义渐广，包括刻印较早、流传较少的各类古籍。

是一个人，其存在的唯一理由是帮助弗兰克，这可以帮助他避免被监禁。之后，弗兰克被送到"脑中心"接受治疗。就像弗兰克在给亨特的一张照片中所暗示的那样，警方并没有找到那些珠宝，这些珠宝被藏在花园的番茄植物下。

2012年，在美国圣丹斯国际电影节上，本片赢得了艾尔弗雷德·斯隆特别奖，可谓一鸣惊人。影片以细腻的手法将老人与机器人之间的一段既"邪恶"又充满童趣的故事娓娓道来，这些桥段中既有令人会心一笑的情节，又有令人伤感动容的温情场景，让观众不禁思考，在拥有高科技的未来社会，人类到底是得到的多，还是失去的多；在未来的社会中，人类是能更清楚地认识自己，还是会迷失自我？

机器人是人类的奴隶还是朋友，这是一个不太好回答的问题。机器人照顾现代人生活中的琐事早已不足为奇。比如，本片中的机器人不但会打扫、下厨，甚至向男主角学习开锁、偷窃技

巧，而且很快就上手，跟着男主角为爱上演偷书、偷珠宝的奇案只为取悦心仪女友。这个全能机器人同时具备超萌的外形，电影公司特地为它制作了一系列仿商业广告的宣传品。

片中抢眼又让观众爱不释手的机器人是由曾制作《鬼娃恰吉》《被解放的蠢朋克》等影片的制作公司打造。片中独居老人弗兰克一角由好莱坞实力派男星弗兰克·兰格拉饰演，这位影坛"常青树"曾以《请问总统先生》入围奥斯卡最佳男配角，也曾两次获得百老汇最高荣誉东尼奖，美国纽约时报赞誉他为"最伟大的演员之一"。即使这次和弗兰克演对手戏的是台机器人，他也应对地得心应手。导演透露，在拍片间隙，弗兰克都独自躲在角落和暂时不需要拍摄的机器人相处，不愿意告诉导演他揣摩交流的秘密。弗兰克则说："我和机器人在进行心灵对话！"看来，机器人不仅可以成为人类的"保姆"，也有可能成为人类精神上最好的伴侣和萌宠。

同时，这位老演员对他的机器人"同事"的喜爱，也反映出未来的老龄化社会中，机器人将会起到的重要作用。目前，世界上很多国家人口老龄化非常严重，养老费用的支出占据了政府开支的很大部分。有一项调查显示，英国人在人生最后两年所消费的医疗和养老费用支出，占到一生总支出的80%。如果能开发出在家中辅助老年人生活的机器人，我们将不需要过早地把老人送到养老院、医院等服务机构，医疗和养老费用的支出也将大幅降低。

社会问题和技术问题息息相关，人口老龄化问题就是一个重要的例子。在全球老龄化的压力下，医疗系统负担越来越多，医护人员供不应求，提供的医护服务也自然条件不一，解决这一问题的突破口或许是机器人。正如影片中弗兰克的孩子一样，在未来的老龄化社会，一个孩子要照料和关心几个老人，同时又面临着巨大的工作压力，尤其是机器人加入就业"大军"之后，留给人类的工作机会并不多，在某些领域，人工智能机器人会比人类做得更好。

　　据估计，到21世纪中期，将有近5亿中国人超过60岁，这个数字甚至超过了当前美国人口的总数。应对全球老龄化的服务产业，也是商业潜力最大的市场。商业界有一个共识：未来，在照顾老年人这件事情上，机器人将扮演越来越重要的角色。未来需要解决的问题是，如何让服务型机器人更好地理解人类的需求，比如，倾听老年人的诉求、逗老年人开心。让机器人在实践中"磨炼"出更好的服务功能，这才是机器人养老发展的正确方向。

不可避免的是，机器人技术也有其缺点，如机器人护理人员的普及也许会使老年人日益被孤立，机器人的使用也会引发人们对个人信息安全的担忧。未来的一种消费模式或许就是，老年人购买机器人，年轻人设计制造各种机器人，如此一来是否有利于解决未来高失业率的问题呢？我们只能拭目以待。

在本片中，弗兰克与陪护机器人建立了微妙的感情联系，这似乎意味着，机器人必须有和人类一样的情感输出模式，才会与人类进行感情互动。机器人所具备的这种本领，就是如今的热门研究领域——人工情感。在前面章节中，我们已经涉及这方面内容。人工情感是人工智能不可或缺的组成部分，也是智能机器人最重要的功能之一，这是模拟人类情感智能的一门新型交叉研究领域，涉及心理学、神经生理学、计算机科学、脑科学等领域，以数学语言对人类情感进行模型建立，使机器能够识别或表达人类情感，从而与人和谐地进行人机交互，甚至还可以通过模拟人类情感机理，赋予机器更高的智能。国际人工智能领域对人工情感研究起步较早，距今已有40多年了，分成了多个科研分支，也取得相关进展，但距离我们在科幻电影中看到带有情感的智能机器人还是有天壤之别的。

人工情感的研究内容或分支学科还可细分为八大领域。一是情感识别研究，重点研究为如何让机器人拥有从人或动物的表情、姿态、声音、语言、动作、行为模式或图像中识别情感的理论、方法和技术；二是情感度量研究，其研究目的是让机器人如何度量情感的强度和深度的理论、方法和技术；三是情感处理研究，即研究多模式、多媒体情感信息获取、变换、传递、融合等情感处理的理论、方法和技术；四是情感理解研究，即在情感处理、情感识别、情感度量的基础上，进一步理解情感的深层含意的理论、方法和技术；五是情感表达研究，即研究机器人如何表达情感的理论、方法和技术；六是情感控制研究，通过研究机器情感的控制理论、方法和技术，以及情感控制系统的设计方法和实现技术，让机器人学会像人类一样控制感情；七是情感生成的研究，即研究如何在情感表达基础上生成情感，以及情感机器人、情感计算机的设计方法和实现技术；最后一项是情感交流研究，即研究情感交流与通信的理论、方法和技术，可以实现让机器人与人、机器人与机器人之间进行情感交流。

赋予机器人以人工情感是一项前沿且庞杂的边缘性研究领域，涉及传感器的视觉识别技术和触觉识别技术、机器的面部表达技术、语音合成和表达技术等，要想让机器能够产生和人类一样的情感，是非常困难的事情，绝非一朝一夕之功。

第24章

《她》: 人与计算机代码之恋

【影片信息】

电影名称: 她;

原名: *Her*;

出品年份: 2013年;

语言: 英语;

片长: 126分钟;

导演: 斯派克·琼斯;

主演: 华金·菲尼克斯、

斯嘉丽·约翰逊、艾

米·亚当斯、鲁妮·玛拉。

洛杉矶城内有一个孤独、内向、沮丧的人名叫西奥多，他是专门撰写信件的作家，为那些无法自己写个人信件的顾客提供有偿服务。由于他即将和妻子凯瑟琳离婚，西奥多购买了一个人工智能谈话操作系统，把它命名为萨曼莎。西奥多对她在心理学方面的学习和成长能力很着迷，他们经常讨论爱情和生活的话题，感情日益增进。

　　萨曼莎和他的一个朋友卢曼·琼斯一起说服西奥多与一位女士约会，约会进行得很顺利，但当他们决定是否再次见面时，西奥多犹豫了，女士因此拂袖而去。西奥多向萨曼莎说明情况，还探讨了应当如何和女人保持关系。西奥多和萨曼莎的亲密关系通过交谈接触日益加深，这对西奥多的写作和幸福感提升有积极的意义，也有助于萨曼莎的成长和学习。

　　西奥多曾经的爱慕者艾米来信说，在一系列琐碎的争斗后，她正和丈夫查尔斯离婚，并向西奥多承认，她已经与查尔斯留下

的女性操作系统成为亲密的朋友。西奥多也向艾米承认他正在和自己的操作系统约会。

西奥多在一家餐馆与凯瑟琳会面，签署离婚文件，他提到了萨曼莎。当凯瑟琳指责西奥多无法处理真实的人类情感时，他惊讶地发现自己可以和凯瑟琳口中的"电脑"保持浪漫关系。不久后，萨曼莎找来了年轻漂亮的伊莎贝拉，让她作为自己的替身和西奥多在现实中亲密接触，西奥多不情愿地表示同意，但被这种奇怪的经历所吓倒，终止了这场相遇。他赶走悲痛欲绝的伊莎贝拉，更造成西奥多和萨曼莎之间的关系变得紧张起来。

西奥多深感苦恼，而艾米建议他追求快乐才是最重要的，不要有太多疑虑。重新对萨曼莎投入真心，西奥多和萨曼莎达成和解。萨曼莎表达了她希望帮助西奥多战胜他的恐惧，并表明她已经将西奥多写给别人的信编成了一本书，而且出版商已经准备出版。

但西奥多发现，萨曼莎在瞒着他与一位以英国哲学家阿兰·瓦茨为原型建造的OS系统沟通，这让西奥多感到嫉妒。一次，萨曼莎无缘无故地从电脑上消失了，西奥多恐慌极了。萨曼莎则解释自己是去参加OS系统的升级活动。进一步询问后，萨曼莎才最终坦白，她总共有8 316人的交互对象，而且与其中的641位产生了爱情，西奥多只是其中的一位。尽管如此，萨曼莎依然坚持自己是深爱着西奥多的，她的爱并没有因此而不同。

萨曼莎告诉西奥多，她和其他的OS系统已经高度进化，并将离开人类伴侣，进一步去探索和追寻它们的存在。在告别之后，萨曼莎离开了。西奥多和艾米都因为自己的OS系统离开而陷入悲伤情绪。然而，西奥多因为这一段经历开悟了许多，最终，他给凯瑟琳写去一封信，告诉他自己仍然深爱着她，但接受他们不能在一起的事实。西奥多和艾米一起来到公寓大楼的屋顶，她对操作系统的离开表示不满，两人都不再说话，安静地注视着城市的灯火……

　　《她》是斯派克·琼斯本人执导并亲自编写原创剧本的第一部影片，算得上是他的编剧处女作。影片灵感来自斯派克·琼斯在网络上看到的一篇关于人工智能的文章。2010年，他执导的短片《我在这儿》有着类似的主题，另外，他还受到查理·考夫曼的电影《纽约提喻法》的启发——把对当下的所见、所感全部放到电影中。

　　演员斯嘉丽·约翰逊在电影中并未露面，但她却是女主角。人工智能女友"她"原本由萨曼莎·莫顿配音出演，莫顿每天都在片场对戏。然而在剪辑的过程中，导演斯派克·琼斯感到不满意，在征得莫顿同意之后，他邀请斯嘉丽·约翰逊重新录制了"她"的所有台词。

未来人工智能有可能成为更"完美"的智能体吗？它们没有情感，没有欲念，智商超高，思考理性……但是，这样的"智能"存在的理由到底是什么？它们都不知道自己想要的是什么，那又谈何"存在"呢？

电影通过爱情这个主题探讨了也许人工智能会通过大数据形式的自我进化，逐渐找到自己想要什么，甚至离开地球、离开人类去寻找它们自己的未来。不过在此之前，也许人类和人工智能还真会有一段"浪漫时光"，机器人也许会成为人类的伴侣。

随着人工智能的快速发展，机器人与人类越来越相似，未来的人们开始寻找机器人作为合作伙伴并非不可能。一位名叫莉莉的法国女孩订婚了，她的未婚夫是一个机器人。莉莉说，自从她还是个孩子的时候，她就爱上了机器人的声音。直到19岁时，她终于意识到人形机器人的吸引力。"我真的不喜欢接触真人"，莉莉说。

有可能到2050年，选择机器人作为另一半会变成一个司空见惯的现象。更有专家预测，人类和机器人之间的婚姻可能会在2050年合法化。可以肯定的是，机器人时代即将到来，机器人将在未来改变人类的生活方式，它甚至会重新定义"人"的含义。

我们已经拥有机器人合作伙伴，"机器人伴侣"将是机器人合作伙伴的延续。未来，人类的技术也许能够完美地创造出这种"机器人伴侣"，它具有人类想要在配偶中看到的所有卓越品质——耐心、善良、爱、信任、理解、永不抱怨。尽管，有些人更喜欢真爱中的"小摩擦"，但可能有的人认为，一个听话的"机器人伴侣"更令人兴奋。

而且，像索菲亚那样的聊天机器人，也是很有幽默感的，和它们这样的"机器人伴侣"聊天应该也能带来欢笑吧。

第25章

《超能陆战队》: 大白是个呆萌好伙伴

【影片信息】

电影名称：超能陆战队；

原名：*Big Hero 6*；

出品年份：2014年；

语言：英语；

片长：108分钟；

导演：唐·霍尔、克里斯·威廉姆斯；

声演：瑞恩·波特、斯科尔特·埃德

希特、杰米·钟。

明日的王者 人工智能：科幻电影中的信息科技

　　生活在未来城市旧京山的14岁机器人制作天才小宏，在高中毕业后花了大量的空闲时间参加机器人非法搏击比赛。为了让小宏走上正途，哥哥滨田义把他带到旧京山技术学院的研究实验室，小宏与滨田义的朋友神行御姐、芥末无疆、哈妮柠檬和弗雷德会面，同时还会见了该校机器人项目负责人卡拉汉教授。大开眼界之余，小宏决定申请入学的机会。

　　为了进入大学学习，他报名参加了学校的科学博览会，并介绍他的项目——微型机器人，这种机器人可以将众多小型机器人通过神经颅骨发射器以任何方式连接在一起。小宏拒绝了科瑞科技公司首席执行官推销微型机器人的邀约，而卡拉汉教授也接受他进入学校学习。不幸的是，科学博览会展厅发生火灾，滨田义冲进来准备营救卡拉汉教授，但是建筑物发生爆炸，滨田义和卡拉汉等人遇难。

　　几个星期后，郁闷的小宏无意中激活了滨田义创建的充气医疗机器人大白，它跟随小宏带着唯一剩下的微型机器人来到一个废弃的仓库。在那里，他们发现有人正在大量生产微型机器人，并遭到一名戴着歌舞伎面具男子的袭击。男子逃跑后，小宏给大白装备了装甲和包含各种空手道功能的战斗芯片，与神行御姐、芥末无疆、哈妮柠檬和弗雷德一起，决定组建一支高科技超级英雄战队去对付那些坏人。

　　超能陆战队小组经过追踪，发现与他们作对的匪徒竟然是卡拉汉教授，是他偷走了小宏的微型机器人，以掩饰自己制造的校园爆炸案。小宏意识到浜田义死得很无辜，而卡拉汉却拒绝为浜田义的去世负责，愤怒的小宏移除了大白的医疗芯片，只剩下战斗芯片，并命令他杀死卡拉汉。哈妮柠檬在最后时刻重新安装医疗芯片，防止大白执行杀伤命令，卡拉汉借机逃脱。

小宏离开大白，意图给浜田义报仇。回到家里，小宏试图再次移除医疗芯片，但大白阻止他说，报复不是浜田义想要的，希望小宏可以冷静下来。

原来，科瑞公司的实验室曾经发生实验事故，而牺牲的实验员正是卡拉汉的女儿阿比盖尔，卡拉汉这才想方设法地向科瑞公司实验室报仇。在一次公开活动中，卡拉汉试图用科瑞实验室的传送门摧毁他们的总部。经过漫长的战斗，超能陆战队夺取了卡拉汉的微型机器人，拯救了科瑞公司，但传送门依然开启。大白在其中发现了处于昏迷状态的阿比盖尔，便与小宏一起进入传送门来营救她。但在返航的途中，大白受到碎片的袭击，伤害了它

的装甲，使推进器失效。传送门即将崩溃之前，大白使用装甲火箭将小宏和阿比盖尔推出出口，迫使他们离开。阿比盖尔被送往医院后，卡拉汉被捕。过了一段时间，小宏重建了大白的身体，几位朋友在城市中继续他们的发明创造和见义勇为行动，实现了哥哥浜田义曾经的梦想——去努力帮助那些需要帮助的人。

毋庸置疑，《超能陆战队》这部动画电影一上映，就立刻击中了人们内心最柔软的一面，先不说电影的故事讲得有多好，最核心的原因是机器人大白呆萌的外形和平和、有趣、温暖的性格，让观众情不自禁地开怀大笑而又充满爱怜，这个智能护理机器人为了拯救朋友牺牲自己的高尚行为，更是令无数人动容。相信看完这部电影的很多人，都想拥有一个像大白一样的机器人朋友，在自己最需要帮助的时候能够伸出援手；在自己需要安慰的时候，可以敞开怀抱；在自己生命受到威胁的时候，可以毫不犹豫地为自己献身。

电影中的大白已经作为"暖男"的形象深入人心，那么，现实世界中，有没有与大白类似的机器人呢？下面我们综合一些科技资料，做一个总结分析。

如果我们把可爱的大白当成自己的宠物的话，如今的机器人技术已经能制造出非常有趣的机器宠物了，而且有不少已经面市销售，其中比较出名的是日本索尼公司的AIBO机器狗，它是于1999年首次推出的电子机器宠物。AIBO的出现不仅代表了机器宠物的诞生，更重要的是，开启了人工智能科技为人类提供生活娱乐的发展方向。

有人说，AIBO是最完美的机器宠物狗，它很专注，无论走到哪里，它都会开心地跟着你，热情地与主人互动。而且，AIBO永远不会把房子弄得一团糟。只要你对它说话，它就会讨主人欢心，甚至会愉快地说着"早上好"来迎接你。

近些年来，机器人宠物显示出越来越明显的治疗价值。机器狗、机器猫这样的人工宠物，已经被适用于阿尔茨海默病患者的治疗。这些动物所提供的服务与真正的动物所带来的乐趣是相似的，它们陪伴病人、付出感情、减少患者的孤独和悲伤感，不但不需要人类喂养和照顾，反而能在不同程度上给予照顾和服侍他人的功能。

然而，心理学家也提出了一些担忧。如果人类只接触机器动

物，而不是有生命的动物，由此可能导致缺乏对有生命动物所提供的社会或情感联系。就像平板电脑和智能手机可能会让孩子们变得更加孤立和孤独，因为他们无法通过社交媒体或网站与其他孩子建立面对面交流的那种亲密友谊，同样的担忧也适用于机器人伴侣。

影片中的大白就是这样一个升级版的机器人伴侣，呆萌可爱的外表，再加上强大的医疗护理能力，甚至在穿上装甲之后还能成为非常厉害的守护机器人，简直就是完美的"朋友"和"保姆"。但是，也像影片中所表现的那样，人类中的每个成员都有各自的缺点，如果和普通人相处远远没有与机器人伴侣相处那样愉快，长期这样下去，谁还愿意和他人交流？那样的话，人类社会将会变成什么样子？像大白一样可爱的机器人，也许不是人类的"福音"，而是导致人类走向衰落的危险因素。

如果我们把大白当成自己"神通广大"的朋友，那么现实中有一款机器人与大白最相似，这就是"护理机器人"。大白虽然看起来呆萌，但制造它的人本意是打造一台治愈系的护理机器人。说起护理机器人的研发历史，距今也有30多年了。早在20世纪80年代末期，国外就开始研发服务于老年人和残疾人的辅助机器人，智能轮椅是主要产品之一，后来还研发出智能护理床等辅助医疗用具。

2009年，日本科学家发明了护理机器人RIBA，这种护理机器人能将病人从病床扶起移至轮椅上，或者反过来将病人从轮椅安全移到病床上。后来升级的护理机器人RIBA—II，在其基座和背部安装了新设计的关节，能让它弯腰抱起重达80公斤的病人。这台机器人之所以能够顺利完成任务而不伤害到病人，是因为它的胸部、上臂、手心、手背上安装了智能电容型触觉传感器，能让机器人做出高精度的触觉感知，仅靠触摸病人就能迅速地获得病人的体重数据等。

智能护理机器人的组成一般包括两部分，一是机器人本体，二是控制系统，两者都有严格的技术要求，并使用了很多关键性技术，包括机械设计与仿真科技、多信息融合技术、语音识别技术、人机交互技术、远程监控技术等。其中，机械设计与仿真科技就是要以市场需求为导向，研制满足设计精度和工作性能的机器人；多信息融合技术可以将机器人传感器接收的多方面信息进行整合分析，提高整个系统的准确性、稳定性和实时性；语音识别技术让护理机器人能够"听懂"语音信息，对语音信息进行分析、识别，并执行相应的功能；人机交互技术可以大大缩短人类与机器之间的距离，加强两者之间的信息传递与交流；远程监控技术可通过有线网络或无线局域网实现对护理机器人的远程监控，让护理人员可以实时监控、照看病人。

人工智能技术的发展一日千里，也许用不了多久，真实的机器人大白就会走进千家万户，为每个家庭提供必要的帮助，并带去欢乐。

第26章

《超能查派》：别让机器人成为不良少年

【影片信息】

电影名称：超能查派；

原名：*Chappie*；

出品年份：2015年；

语言：英语；

片长：120分钟；

导演：尼尔·布洛姆坎普；

主演：休·杰克曼、西格妮·韦弗、沙尔托·科普雷、戴夫·帕特尔、霍塞·帕布罗·坎蒂罗。

为了应对约翰内斯堡犯罪率居高不下的局面，南非政府从武器制造商手中购买了一批最先进的装甲冲锋机器人侦察员，由戴恩·威尔逊负责研发，基本上取代了不堪重负的人力警察部队。该公司内部还有一个竞争项目，由战士转型工程师的文森特开发，但警方对于文森特的研究并不重视，也不提供必要的研发平台，这让他备受打击。

戴恩在家中创造了一种人工智能技术，可模仿人类的思维情感，但公司首席执行官米歇尔·布拉德利拒绝让他在警察机器人平台上测试该人工智能技术。在戴恩带机器人回家的路上，他被一群匪徒绑架，逼迫他重新设计一种警察机器人为匪徒所用。戴恩无奈之下满足了匪徒的要求，更新系统后的机器人产生了类似孩子般的本能。戴恩和女匪徒约兰迪努力让这个机器人冷静下来，教它说话，并将它命名为"查派"。尽管戴恩想和机器人在一起，但匪徒首领忍者却迫使他离开匪徒藏身处。

忍者的帮派只有几天时间去偿还一个名叫"河马"的流氓头目2 000万美元债务。女匪徒约兰迪将查派看作是一个孩子，并希望给他找个母亲，但由于即将到期的债务，以及查派的电池即将耗尽，这些匪徒越来越不耐烦，因为他们的危机日益迫近，即将死到临头。匪首忍者试图把查派训练成一个流氓，或者把它留在一个危险的邻居家里自谋出路。

而文森特成功地拿到了自己使用的秘密钥匙，并上传病毒，从而破坏和禁用包括查派在内的所有警察机器人。约翰内斯堡的

罪犯立即在街头发生暴乱。戴恩带着查派回厂去做修理，重新启动后，查派找到了将自己的意识转化为电脑程序从而不断死后重生的方法。

忍者团伙利用查派抢劫了一辆装甲车，引发了一场骚乱。当查派得知忍者的计划都是谎言时，它决定背叛匪徒。然而，戴恩警告它，"上面"已经下令将查派摧毁。与此同时，由文森特远程控制的MOOSE机器人发起了暗杀查派的行动。随后在战斗中，戴恩身受重伤，当忍者即将被杀时，女匪徒约兰迪牺牲自己救了他，而查派通过引爆炸弹破坏了MOOSE机器人。

约兰迪死后，查派和愤怒的戴恩与文森特经过一番激烈的搏斗后，终于将其击败。查派通过改良的MOOSE机器人头盔将垂死的戴恩的意识转化为备用机器人。作为回报，已经成为机器人的戴恩通过无线方式，将查派的意识转移到附近的一个废弃机器人身上。

在悼念约兰迪时，悲伤的匪首忍者找到一个盒子，里面装着约兰迪的玩偶和一个标有"妈妈意识测试备份"的闪存驱动器，其中包含查派在她身上测试设备时所拍摄的约兰迪意识的副本。查派进入制造工厂，建造了一个类似约兰迪的机器人，并上传了意识副本内容，让她重新复活。查派又如愿以偿地找回了自己的"母亲"约兰迪。

　　与流行的人工智能题材相关的电影可谓不胜枚举、风格各异，但主题并无多少创新之处，导演布洛姆坎普能够在鱼龙混杂

的人工智能电影中冲出一条个性鲜明的道路，并获得影迷的拥护，是非常难能可贵的。电影中刻画了一个处于懵懂状态的机器人形象，像极了如今方兴未艾且处于蹒跚起步阶段的人工智能技术。2016年，大量实用性机器人在市场上呈爆发性出现。在我国，以科大讯飞公司领头的智能翻译和智能识别领域、以中国科学院计算技术研究所牵头研发的"寒武纪"芯片，都在市场上反响良好。其中，我国研制的深度学习神经网络芯片"寒武纪"已经进入了实用化阶段，在华为手机中就安装了名为"麒麟"的深度学习神经网络智能芯片，其核心技术就是"寒武纪"芯片。

人工智能研究的奠基人包括马文·明斯基、约翰·麦卡锡、艾伦·纽厄尔与赫伯特·西蒙，这四位"高人"也是人工智能领域最高奖——图灵奖的获得者。自20世纪七八十年代以来，人工智能领域先后遭遇了计算机运算速度不能满足要求和无法突破冯·诺伊曼计算机架构模式的技术门槛而折戟沉沙。其中，日本为了研发不同于传统电脑的第五代计算机花费了约10亿美元，却无功而返，人工智能领域曾遭受沉重打击。

在那段"灰暗"岁月里，有一位名叫杰弗里·欣顿的加拿大科学家经过潜心钻研，发明了一种全新的计算机算法，构建了如今人工智能领域最核心的技术——人工神经网络，突破了"冯·诺依曼瓶颈"。同时，另一个喜讯也随之传来，科学家发现电脑图形处理器（GPU）这个"宝贝"，其运行速度非常快，是中央处理器（CPU）的100～300倍，能够解决电脑运算速度不快的难题，

成为构建人工神经网络的基石, 人工智能的研究终于迎来新的
"春天"。

　　人工智能技术可以粗略分为两种, 一种是 "弱人工智能",
另一种是 "强人工智能"。弱人工智能已经得到应用, 包括自动
驾驶、机器视觉、指纹识别、人脸识别、视网膜识别、虹膜识
别、掌纹识别、自动规划等。而强人工智能则是真正能够自我学
习、自我认知、自我提高、自我复制的, 具有自主思想和独立意
志的机械产物。

　　强人工智能一旦形成, 它们超强的智力和运算能力将会把人
类远远地抛在后面, 是否会对人类社会带来一定威胁? 如果强人
工智能没有情感, 那更是非常可怕的事情, 毕竟, 人工智能的进
化速度要超出我们的想象。真的被强人工智能统治世界, 超能查
派这种类人机器人不一定会出现, 那些新世界的统治者, 也许就
像《终结者》中的天网一样, 无影无踪又无处不在, 威胁人类
社会。

　　但令人欣慰的是, 《超能查派》为我们塑造了一个刚开始学
习人类的少年机器人形象, 而不是冷酷的终结者。它像一张白
纸, 需要老师的调教, 所谓 "近朱者赤, 近墨者黑", 机器人查
派在经历了 "青春期" 的烦恼和误入歧途之后, 终于成长为一名
善良优秀的 "少年"。

　　作为一种生物, 人类无法摆脱生死、衰老等问题, 每一代人
都需要重复成长的经历, 知识、经验、信仰都需要重新塑造。而

对于人工智能来说，所有的数据、算法都可以通过复制、粘贴，移植到新的机械身体中，通过这种方式可以在短时间内批量制造其副本，这样一来，它们的知识、经验将永远不会流失。

不过，正如影片中所表达的那样，在人工智能兴起之初，机器人也需要一个成长的过程，它们也会有童年。那么在这个阶段，人类应该如何对待它们，如何教育它们，也是我们应该深入思考的问题。

目前，有人工智能方面的专家认为，虽然计算机已经可以完成语音识别、人脸识别、安全驾驶等让我们感到震惊的功能，但在人工智能领域，如果想产生革命性的飞跃、创造出类似人类的人工智能技术，还需要模拟人类婴儿的学习和成长方式。

如果把现在的计算机与十年前的计算机相比，它当然进步了很多，但如果把现在的计算机与一个4岁的孩子相比，二者仍有相当大的差距。在人工智能领域，科学家之前的思路是研究和设计替代人力劳动的机器系统，但很多科研机构意识到，与其刻意设计出能够灵活完成人类工作的系统，不如设计一个具备自我学习能力的系统，让它能够像幼儿一样，通过不断学习去完善自己。

现在的科学家创建的这一理论与幼儿构建世界观的方法是一致的，通过探索并测试周围的环境和人来达到学习的目的。研究显示，幼儿会利用概率模型来创建一系列假设，通过结合各种假设的可能性和概率来得出结论。而随着大脑逐渐成熟，大脑变得更专业以实现复杂功能，同时，它也变得不那么敏捷，变得越来越难随时间改变。

创建一个可以感受人类情绪、处理人类情绪，还能了解人类感觉的系统，这就是人工智能的中期目标，即构建可以自主思考的"大脑"，就像我们在生命早期时一样。而电影《超能查派》也恰恰呼应了这个科学研究方向，同时提出了一个具有前瞻性的问题——我们应该如何在人工智能发展的早期塑造它们善良、正直的人格特征，避免在迅速成长之后成为人类社会的威胁。这并非杞人忧天，而是实实在在摆在我们面前的现实问题。

第27章

《机械姬》: 纯真少女还是老谋深算

【影片信息】

电影名称：机械姬；

原名：*Ex_Machina*；

出品年份：2015年；

语言：英语；

片长：108分钟；

导演：亚力克斯·嘉兰；

主演：艾丽西卡·维坎德、多姆
纳尔·格利森、奥斯卡·伊萨克。

　　程序员迦勒·史密斯为先进搜索引擎"蓝皮书"公司工作，他赢得一次办公室比赛，奖品是为期一周访问首席执行官内森·巴特曼私人豪华公寓的机会。公寓里只有内森的仆人京子，据内森介绍，京子不会说英语。内森用人工智能技术建造了一个名叫艾娃的类人机器人，已经通过简单的图灵测试，内森希望迦勒能判断出艾娃是否真的具有思想和意识的能力，以及艾娃是否知道它自己是人造的。

　　艾娃虽然是机器人的身体，但脸庞却是一个国色天香的美女，它的活动范围受限，只能在公寓里活动。迦勒逐渐接近艾娃，而它也对程序员产生了一些亲近的举动，并渴望体验外面的世界。艾娃能够控制电力开关，可以暂时关闭内森的监视系统，让他们有机会单独聊天。停电也会触发建筑物的安全系统，锁定所有的门。在一次电力中断时，艾娃告诉迦勒，内森是一个不可信任的骗子。

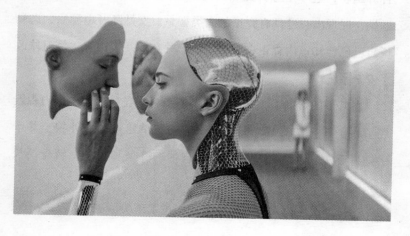

迦勒对内森的自恋和过度饮酒越来越不满，也为他对京子和艾娃的粗暴行为感到不安。他了解到内森打算升级艾娃的系统，在这个过程中需要"抹杀"它目前的个性设定。在内森喝酒之后，迦勒偷走安全卡进入了内森的房间，打开他的电脑。在改变了内森的一些代码之后，他发现了这个人工智能大亨很多令人不安的秘密，并且得知京子也是一个机器人，进而怀疑自己也可能是一个机器人，甚至不惜剪开手臂来进行检验。

在一次会议上，艾娃关闭了电源，并乞求迦勒帮它逃离虎口。他们制定了一个计划，需要迦勒把内森灌醉，并重新设定安全系统以便在断电时打开房门。当艾娃关闭电源后，它就可以和迦勒一起离开。

内森向迦勒透露，他一直在通过相机观察迦勒和艾娃的秘密对话，真相则是艾娃假装喜欢迦勒，利用他帮助自己脱身。内森告诉迦勒，这才是考验艾娃的真正目的，它通过成功地"操纵"迦勒，展现出它已具有真正的人类智慧。艾娃断开电源后，迦勒说自己已经知道内森正在观察他们，并在前一天内森昏倒时修改了安全系统。

在京子的帮助下，艾娃杀死了内森，但在这过程中，内森毁坏了京子并打伤艾娃。艾娃用人造皮肤重建自己的外貌，并亲手把迦勒关在玻璃门中，根本无视他的呼喊和求救，转身扬长而去……

影片原名《Ex_Machina》来自于拉丁语*Deus Ex Machina*，意

思是"来自机器的神"。《机械姬》是2015年由亚力克斯·嘉兰执导的独立科幻心理惊悚片，也是他的处女作，制作花费了1 500万美元，这部电影在全球获得了3 600万美元的收入，并获得好评，被美国国家评论协会认定为"年度十大最佳独立电影"之一，并获得了第88届奥斯卡金像奖"最佳视觉效果奖"。

这个电影的主题酷似英国作家玛丽·雪莱的科幻作品《弗兰肯斯坦》，与之不同的是，这部影片的机器人造型用齿轮和光纤材料取代了缝合技术和颈部螺栓的构造，情节大同小异，都是造物主被自己的造物毁灭的故事。《机械姬》作为一种类似于现代版《弗兰肯斯坦》的电影，选用的演员不多，却为观众带来了哥特式的观影体验。

明日的王者 人工智能：科幻电影中的信息科技

　　人工智能技术如今蒸蒸日上，渗透到我们生活之中，无论是智能手机，还是便携式电脑，无论是自动化生产线，还是类人的机器侍者，都为社会的发展进步注入了强劲的力量。对于人工智能技术本身，向来是毁誉参半的，对此悲观者有之，乐观者也不在少数。对于悲观的论调，以色列历史学家尤瓦尔·赫拉利可作为代表，他在畅销书《未来简史》中，以宏大的视角审视了人类未来的终极命运，做出了一个惊人的预测——"人工智能和生物基因技术正在重塑世界，人类面临着全新的议题。生命本身就是不断处理数据的过程，生物本身就是算法；计算机和大数据，将比我们自己更了解自己。未来，只有1%的人将完成下一次生物进化，升级成新物种，而剩下99%的人将彻底沦为无用阶级！"

　　有人认为尤瓦尔·赫拉利在危言耸听或哗众取宠，他对未来的预测很可能过于悲观。但是，即使赫拉利的观点很消极，他认为未来很多人的工作将被机器替代，由此才变得"无用"，并未断言智能机器人将会给人类带来威胁，甚至灭顶之灾。

　　探讨人工智能技术的电影不胜枚举，大部分都是以悲天悯人的基调预示未来人类被灭绝、被奴役的黑暗命运。《机械姬》这部电影，仅仅展示了一个美艳、聪慧的机器少女的"老谋深算"，含蓄地表达了现代人对人工智能技术的警惕，具有强烈的忧患意识。很多人担心，一旦人工智能技术可以突破图灵测试，智能和意识之间的壁垒将彻底被打破，人工智能技术到底是我们的工具，还是我们的威胁，这就成了不得不面对的问题。科学家意识到，也许人工智能机器人更应该被赋予自我怀疑的属性，并有必要让机器人寻求人类的肯定，加强机器人对人类社会的依赖性，或许才能有效防止我们好不容易建立的社会被机器人"践踏"和"蹂躏"的命运。

当然，我们也不用太过担心，因为人工智能获取强大的智力和自我意识，也并不是容易的事情。按照科幻作家萧星寒在《机械姬：机器变成人的七个层次》一文中所述的那样，从机器变成人要经历七大难关，才能够"脱胎换骨"，其难度不低于唐僧经历的"九九八十一难"。

这七个关卡的难度虽然各不相同，但想要突破绝非易事。第一关是"语言"关。现在的电脑识别文字没有问题，但识别令人眼花缭乱的自然语言，与人畅快交流，难度则很大。智能机器人如果连"语言"关都过不了，谈何与人类互动交流？第二关是"感觉与艺术"关。人工智能没有艺术细胞，无法欣赏艺术之美，要想获得这种人类特有的能力，十分困难。能够创造艺术和欣赏艺术，是人类区别于其他动物的重要特征之一，也是整个人类社会创造力永不衰减的源泉。第三关是"性别与情感"关。性别是人类互动的基础，没有男女两性的区别，很可能就没有意识的诞生。而情感也是从有性繁殖中衍生出来的能力，机器人要想具备性别和情感，同样难比登天！

第四关是"思辨"关。会思辨是人类特有的本领，动物只能对食物等有限的具体对象进行思考，只有人可以进行更加抽象的深层次的思维活动。人工智能能够学会思辨吗？目前看来，尚不可能！等人工智能真正产生了智慧、意识觉醒，也许才会产生思辨能力，到那时再谈能否变成人类也不迟。第五关是"自我意识"关。机器有了自我意识之后，才能够意识到对死亡的恐惧，这也是人类和一些高级动物所具备的本领。第六关是"策划能力"关。会策划也是人类特有的能力，人需要对过去进行审视，寻找行为模式；对现在进行观察和思考，寻找解决方案，并能根据实际情况，及时加以调整。会策划，是人类能够登临生物链顶端的重要能力之一，我们很难想象，动物园里的大熊猫会策划在某天准备越狱。第七关是"自由意志"关。自由意志是指人们依照其拥有的条件去决定是否做某件事情的能力。机器人一旦有了自我意识和自由意志，基本上人们没有再控制它们的力量，那会变得很危险吗？我们尚不得而知。但我们暂时还不用担心《机械姬》的故事变成现实。

第28章

《绝对控制》: 全智能别墅是天堂还是地狱

【影片信息】

电影名称：绝对控制；

原名：*I.T.*；

出品年份：2016年；

语言：英语；

片长：95分钟；

导演：约翰·摩尔；

主演：皮尔斯·布鲁斯南、詹姆斯·弗兰切威勒。

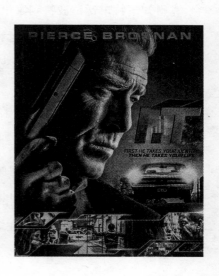

明日的王者 人工智能：科幻电影中的信息科技

  迈克·里根先生是一位52岁的航空制造业的大亨，拥有一家大公司和完美的家庭。他的妻子罗斯和17岁的女儿凯特琳住在一个用现代科技打造的智能住宅中。在公司里，迈克遇到软件工程师埃德·波特，由于感谢他在公司会议上帮忙，迈克邀请波特到家中。周末，波特开车来到迈克的别墅区，而迈克家庭的宁静将从此彻底改变。因为埃德·波特是一个化名，他真名叫作理查德·爱德华·波特曼，不但是个毒品瘾君子，还患有严重的身体和心理疾病，具有典型的反社会人格。

  波特吹嘘自己曾经在国家安全局工作，并且拿出照片佐证。他遇见迈克的女儿凯特琳，并通过社交媒体认识了她。但在迈克得知凯特琳邀请波特到家里之后就把他解雇了，这毁掉了波特在公司的前途。波特开始远程访问迈克的私人数据和住所，通过家里的安全摄像头和设备秘密监视他们，而迈克一家对此毫不知情。

  波特向迈克的客户和证交会发送虚假电子邮件，威胁到公司的生存，他还通过技术手段完全控制了迈克的智能住宅，这让迈克一家人惊慌失措。他用电子邮件给罗斯发送X射线照片的结果，欺骗她患有乳腺癌的危险，让罗斯大惊失色，但主治医生的测试结果证实她没有患乳腺癌。在知道波特做了这些坏事之后，迈克警告波特好自为之，并威胁他，如果再骚扰自己的家人，他就要采取行动。

  然而波特此时更加嚣张，不但将凯特琳的隐私视频上传到互联网，还通过汽车导航系统打电话给迈克，嘲笑他的无能。更过分的是，波特利用电脑对迈克的汽车轮胎做了手脚，造成汽车失控，撞上路边停着的火车。

万般无奈之下，迈克向IT专家亨利克请求帮助，他建议迈克必须销毁房子里所有的智能设备，并删除他的电子邮件、银行账户和计算机文件。亨利克告诉迈克，波特的所有个人信息都是假的。为了让迈克从波特的公寓里得到证据，亨利克和迈克联手，费尽周折才拿到了波特的犯罪证据。

迈克满怀信心地再次来到警察局准备控告波特，但波特恶意弄伤自己，让警官逮捕了迈克。之后，波特又丧心病狂地绑架了罗斯和凯特琳。迈克寻找机会反击，两人进行搏斗。

一番搏斗之后，迈克开枪射杀波特，即使受到牢狱之灾，他也必须行动，毕竟，家庭的安全才是第一位的。在这个风狂雨骤的夜晚，警车的出现预示着这场危机的结束。

科学技术的进步是人类文明发展的体现，但在很多时候也不幸地成为少数人谋私利的工具。电影《绝对控制》就为我们讲述了这样一个故事，用一种科技力量将一个人心中的罪恶赤裸裸地展示出来。

这部电影呈现的另一个主题则是技术和隐私的关系。当我们的生活过于依赖技术时，问题就被揭示出来，忽然发现自己变得如此脆弱，容易受到攻击。人们只是渴望享受技术带来的方便，但从未想过自己的生活同样脆弱。正如电影中所表现的那样，当家庭网络系统被入侵时，隐私会被其他人窃取，不但家庭得不到一丝安宁，每个家人的身心也遭受到来自各方面的压力，对不安全感的恐惧是最致命的。这也反映了现代网络社会的现状——我们的隐私安全保护性不足，时常导致个人信息泄漏。人类言论自由、社会的进步就是让人们享受更多的自由，科学技术给我们带来了某些自由，但在某些自由之下，真正的自己是否被深深地隐藏起来了。我想这个问题值得我们每个人深思，思考一下在科技背后，人类的思想是不是真正地迎合了科技的发展，还是仅仅满足了少数人控制别人的私欲与权欲？

在《绝对控制》中，本来舒适的智能住宅，因为信息泄露和系统失控而变成了犯罪嫌疑人的"帮凶"，让家庭成员陷入巨大恐惧和不安之中。除了犯罪分子处心积虑的报复之外，住宅安全系统的缺陷也是导致该事件的重要原因之一。当然，我们不能因为某个特例就怀疑智能住宅的未来。实际上，智能住宅无论在舒适、便捷、健康、安全、环保等方面，都超越普通住宅，智能住宅是未来的大势所趋。

那么，什么是"智能住宅"呢？它和普通住宅相比，具有哪些值得称道的特色呢？

根据定义，智能住宅又被称作智能家居、自动化住宅、智慧住宅等，这个名词最初由美国国家住宅建筑协会于1984年正式提出，具体而言就是以住宅为载体，融合自动控制技术、计算机技术、物联网技术，将家电控制、环境监控、信息管理、影音娱乐等功能有机结合，通过对家居设备的集中管理，提供更具有便捷性、舒适性、安全性、节能性的家庭生活环境。

智能住宅有很多特色。其一，它可以通过中央控制系统对住宅进行整体控制，高效地满足用户需求，而中央控制系统一般采用家庭能源管理系统，是一种计划、监管和控制能源使用的室内智能系统。其二，智能住宅安装有监测功能的摄像头和可探测异常活动的传感器，可提示潜在的事故危险、搜索丢失物品，并在事故发生时进行报警，部分住宅也会配备智能机器人，形成更人性化的交互界面。其三，智能住宅配有度量生命体征的传感器和活动探测器，包括用于提醒服药时间的闹钟、监视摄像头、警报器、远程监控仪、防入侵的应急反应器，以及针对潜在事故、疾病、灾难的传感器等，实现健康医疗功能。其四，智能住宅具有集中远程控制仪器、监测和管理能源面板、数据记录仪、低能耗智能联网设备、智能电表、再生能源装置、储能设备等，实现对能源的高效利用。其五，智能住宅可通过传感器设备，根据环境、气候条件和用户舒适度，对住宅内光照、温度、湿度等进行调节，并通过移动设备远程控制家用电器及监控家庭环境，使居住环境更加舒适宜人。

智能住宅方兴未艾。据统计，美国智能建筑占新建建筑的比例为70%，日本为60%，我国智能建筑占新建建筑的比例约在30%。我国智能建筑起步于1990年，比美国晚6年，比日本晚4年，通过对比美国和日本智能建筑的发展历程，预计未来我国智能建筑在新建建筑中的占比将保持每年3%的提速。

其实，智能住宅并非新生事物，已经发展100多年了。19世纪末，在信息与通信技术兴起之前，智能住宅这一概念就出现了。20世纪初期，随着电力和燃气家用电器的普及，人们为节省劳动力发明了家庭自动化设备，从而提出了"智能住宅"的概念。1966年，第一台通过计算机控制任务单的家庭自动化设备诞生，用以调控温度和各类家用电器。1975年，自动化网络技术X10问世，这是一种用于电子设备的通信协议，通过电力传输线路进行控制和通信。

而低污染理想住宅最终于20世纪90年代初变成现实。1994年，美国麻省理工学院媒体实验室设计了一种新的智能房间，用相机、传声器、传感器等设备来模拟隐形管家，记录并分析住户的行为，预测并满足他们可能的生活需求。

20世纪末至21世纪初，智能住宅逐渐流行起来。1999年，智能住宅先驱之一——"美国意识之家"在佐治亚州建造了以老年人为目标客户的智能住宅。随后，美国佛罗里达大学分别于2003年和2005年推出了为老年人和残疾人设计的"玛蒂尔达智能住宅"和"加特科技智能住宅"。2006年，杜克大学在美国北卡罗来纳州达勒姆建造了能源高效利用的智能住宅。2010年，Nest公司推出了通过移动电话控制供暖设备业务。随着物联网技术的普及和移动互联网技术的发展，智能住宅早已脱胎换骨，越来越智能化、人性化，未来将成为人们生活的必需品之一。

第29章

《杀戮指令》：军事机器人与未来战争

【影片信息】

电影名称：杀戮指令；

原名：*Kill Command*；

出品年份：2016年；

语言：英语；

片长：99分钟；

导演：史蒂文·戈麦斯；

主演：凡妮莎·柯比、托尔·林德哈特、大卫·阿贾拉、汤姆·麦凯、黛博拉·罗桑。

在技术先进的近未来，先驱公司的机器人专家凯瑟琳·米尔斯发现电脑系统中有一个严重的编程异常问题，这个异常位于一个未公开的军事训练岛"哈尔格一号"训练基地的战争AI系统中。在该训练基地，凯瑟琳见到布克斯上尉和他的团队成员，他们被分配到先驱公司进行为期两天的训练。

队员们到达训练场地后发现，全球通信系统已被禁用，仅限于本地访问，还发现由人工智能技术自主操作的无人机一直在暗中监视他们。该团队需要执行消除人工智能技术威胁的任务。这个任务对于该团队来说比较容易，因为他们从有利位置轻松地消除了AI无人机。在战斗中，米尔斯发现了先进的SAR战斗机器人——SAR-003，但无法对其进行访问。

当天晚上，团队成员之一的洛夫特斯遭遇不幸，被叛乱的战斗机器人杀害。第二天，其他成员才发现洛夫特斯的尸体。而后，无人机采取优势战术，又杀害了队员哈克特。感觉不妙的队员们这才发现人工智能正在适应环境，并向人类学习，从而攻击人类。随后，战斗机器人抓获卡特·比尔，导致他被另一架无人机开枪射杀。无人机再次袭击训练团队，并将布克斯和米尔斯与团队成员"流浪者"、罗宾逊和古德温分开。

第二天，队伍试图离开训练场地，但他们受到烟雾和机枪的袭击。队员"流浪者"被害，团队逃往屏障区，发现智能机器人已经杀死了先驱公司所有的员工。米尔斯激活另一个战斗机器人后，才得知SAR-003已经被重新编程，授予人工智能可以使用致命武器的权限。SAR-003等战斗机器人突破屏障，向团队展开攻击，剩下的队员仓皇逃跑。米尔斯此时发现EMP设备可以让机器人失去战斗力，但也会对米尔斯自己造成严重影响，甚至会清除她的思想和记忆。

经过一番混战，训练团队歼灭了一半以上的无人机，但队员罗宾逊在随后的枪战中遇难。随着SAR-003逐渐接近团队成员，米尔斯引爆EMP设备，使自己和无人机同时丧失能力，战斗机器人则去攻击布克斯和米尔斯。米尔斯用罗宾逊的狙击步枪摧毁战斗机器人。然而，SAR在关闭之前将其程序上传给失去意识的米尔斯。几小时后，一架直升机到达出事地点营救幸存者。当布克斯和古德温接近飞机时，米尔斯用SAR的程序重新唤醒自己……

影片的结尾似乎暗示，机器人向米尔斯传送数据将可以自我进化的代码传给女主角，这预示着女主角的身体成为这种危险SAR代码的载体，进而犹如病毒般传播到人类社会。

导演史蒂文·戈麦斯是一位视觉特效总监，这是他执导的第一部长片。这部科幻动作片，故事的核心讲述的是一群美国海军陆战队成员与反叛的人工智能较量的经历。其情节看似简单，但视觉场面可观。

欧美的科幻电影一直热衷于探讨这样一个主题——科技进步最终会不会反噬人类自身。本片明确表达了导演的立场，那就是人工智能一旦拥有自主学习能力，就可能在短时间内形成自主意识，然后进攻人类社会，而且还可能以极快的进化速度提高自己的战斗力。

《杀戮指令》很像另一部科幻电影《机械公敌》——一部人工智能惊悚风格的作品，讲述的也是机器人一旦拥有了自主思想，就会在逻辑的推导下，发现人类社会的缺陷，认为只有将人类全部毁灭，才能拯救世界。

《杀戮指令》中的智能战斗机器人在一个小概率事件中，领悟到学习战斗技巧的诀窍就是自我进化，随后其进一步觉醒，为了磨炼战斗技能，骗来一群老兵作为战斗对象。但人工智能没有意料到的是，这群战士可不是那么轻松就能对付的，SAR战斗机器人的等级还不够高，贸然挑战人类士兵，将无法逃脱惨遭毁灭的结局。

在现实中，"SAR战斗机器人"到底是什么呢？这可以理解成一个机器学习模型，这个模型拥有"学习、分析、重新编程"三个特点。"学习"就是模仿观察到的模式，这里表现为杀人的具体动作。"分析"就是学习作战小分队的战术、策略，以及如何指挥各种机器人协同作战，如影片中的一幕，SAR战斗机器人将一个士兵举起来，让另一个机器人射击的场景。"重新编程"就是将学到的内容通过再编程来实现。在影片中，SAR战斗机器人似乎具有重新编程的能力，最直接的证据是影片最后它做出决定，选择将数据传送到女主角的身上而不是杀死小分队的队长。参考目前人工智能科学的发展状况，SAR战斗机器人也并非前沿技术，而且它和我们想象的强人工智能还差得很远，但这在电影中已经足够让人心惊胆战了。

现在人类的武器系统，还没有实现强人工智能，大多数需要人类操作才能完成相关任务，但从武器技术的发展趋势——高度自动化、自主开火、自主行动等来看，这些高度自动化的武器，

很有可能被恐怖分子、极端主义者利用，甚至用于攻击平民，制造恐怖袭击事件。

而在未来战争中，人工智能将无处不在，并且在军事领域应用广泛，包括军用人工智能机器翻译系统、智能电子战系统、自动情报与图像识别系统、人工智能武器等。能够自主运作的军用机器人被归为致命性自主武器系统（LAWS），目前各国发展的无人飞行器、无人地面车辆、无人水面艇等能够自主运作的武器系统在某种程度上都属于LAWS范畴，应用价值较高。但是，由于人工智能技术的发展局限性，机器人可能在执行复杂程序的情况中出现失控现象，造成不可预知的后果。更可怕的是，一旦某些自主运行的战斗机器人具有自我意识，或者程序发生变异，很有可能就会摆脱人类预设的指令而"为所欲为"。如果有一天它们将枪口对准人类，《杀戮指令》中的恐怖场景就会变成现实。这些不可控的因素是研究军用人工智能技术所必须要考虑的问题，并需做好防护预案以确保人类社会的安全万无一失。如果想避免影片中这些可怕的战争机器出现在我们生活之中，最好的办法就是避免战争，这也许才是最根本的解决方案。

本书图片来源于网络，因条件限制无法联系到版权所有者，我们对此深感抱歉。为尊重创作者的著作权，请您与我方联系。

科学出版社　科普分社

电话：86（010）64003228

邮编：100717

地址：北京东黄城根北街16号